개를 키울 수 있는 자격

Sachkundenachweis für Hundehalter

by Celina del Amo

This Korean edition was published by rejam in 2017

개를 키울 수 있는 자격

Sachkundenachweis für Hundehalter
by Celina del Amo

셀리나 델 아모 지음 | 이혜원·김세진 옮김

반려견을 사랑하는 여러분에게

먼저 이 책을 선택해 준 여러분에게 감사합니다. 나는 이 책을 통해 여러분이 반려견을 더욱 자세히 이해하고, 적절하게 훈련할 수 있도록 그 길을 안내하고자 합니다.

여러분은 반려견과의 갈등 없는 공동생활을 위해, 겪게 될지 모를 여러 가지 어려운 상황을 미리 예방해야 합니다. 또한 반려견의 몸과 마음이 안락할 수 있도록 도와야 합니다. 이러한 것들은 여러분이 반려견의 입양을 결정하는 순간부터 책임감을 갖고 지켜야 할 의무입니다.

이 책에서 소개하고 있는 발전된 훈련을 통해 반려견은 스스로 큰 흥미를 느끼게 되고, 여러분은 곧 좋은 성과를 얻을 수 있을 것입니다. 그리고 이 과정을 통해 여러분은 반려견이 가진 뛰어난 재능과 총명함을 발견하고 감탄하게 될 것입니다.

반려견과 함께 발전하는 매 순간순간을 즐기길 바랍니다!

2017년 8월

셀리나 델 아모

차례

2장 기본 훈련은 이렇게 해 보자

3장 주간 훈련은 이렇게 해 보자

4장 질문을 위한 질문

들어가기 전에

개를 키울 수 있는 자격이라고?

독일 니더작센에서는 2011년 7월 1일부터 반려견에 대한 새로운 법이 시행되었다. 이 법의 시행 목적 및 범위는 반려견 훈련을 통해 일반인의 안전과 질서를 위협할 가능성을 방지하는 것이다. 이에 따라 견주나 반려견 산업 종사자는 예외 없이 자격을 갖추어야 한다. 이를 위해서는 자격증 시험에서 좋은 성적을 거두어야 한다.

▶ 모든 견주는 반려견의 품종과 크기에 상관없이 자격증을 소지해야 한다.

니더작센에서 시행하는 이 시험은 반려견의 품종이나 크기에 상관없이 모든 견주에게 적용되고, 이론과 실습 시험으로 나누어진다.

- 이론 시험은 반려견을 들이기 전에 치른다.
- 실습 시험은 반려견을 들인 첫해 중에 치른다.

이론 시험에서는 견주가 갖춘 지식에 실습 시험에서는 위험 상황에 중점을 둔다.

- 견주는 반려견의 움직임을 예측하고 안내해 위험 상황을 초반부터 방지할 수 있는가?
- 견주는 반려견의 움직임을 이해해 더욱 손쉬운 방법(순종 훈련)으로 지시할 수 있는가?

실습 시험은 공인을 거친 다양한 기관(특히 BHV, VDH 자격 시험)에서도 인정받을 수 있다. 실습 시험에서는 반려견의 순종성, 특히 사회적 수용성을 중점적으로 본다.

이 책은 반려견의 훈련 과정 촉진이나 시험 대비를 위한 것이다. 이 책에서는 위험을 방지하고, 반려견과 견주의 공존을 돕기 위해 꼭 필요한 몇 가지 훈련을 제시한다. 주 단위 훈련 구성표(136쪽~)를 참고하면 일상에서 개별 훈련을 손쉽게 할 수 있을 것이다.

1장

견주에게 꼭 필요한 기초 지식

늑대가 반려견이 되기까지

오늘날 개의 품종은 전 세계를 통틀어 4백 가지가 넘는다. 발견된 뼈를 조사한 결과, 개와 사람은 약 1만 2천 년 전부터 함께 산 것으로 밝혀졌다.

늑대가 개의 시조인 것은 사실이지만 정확한 가축화의 연유는 알려진 바가 없다. 추측해 보건대, 인간이 사냥하고 남은 먹을거리를 찾아 늑대가 몰려들었을 수도 있다. 또는 인간이 데려다 키운 늑대의 새끼가 떠나지 않고 남은 것일 수도 있다. 아니면 인간이 야생성이 약하거나 길들이기 쉬운 개체들을 키워서 그 녀석들이 새끼를 낳은 것일 수도 있다. 그렇지 않은 녀석들은 쫓기거나 사냥감이 되었을 것이다. 1차 선별 이후에는 성격이나 몸의 특징이 더욱 세분되었을 것이다.

* 야생성이 있는 늑대는 시간이 지나면서 반려견이 되었다. 이 같은 과정을 '가축화(domestication)'라고 한다.

아직도 개에게는 맹수의 성격이 남아 있다. 그렇더라도 어릴 때부터 인간과 함께 살면서 긍정적인 경험이 쌓이면, 그 개는 인간을 친숙한 존재로 여긴다.

Tip 반려견을 선택할 때는 품종별 특징에 특히 주의를 기울여야 한다. 훈련할 때 큰 영향을 미치기 때문이다. 무엇보다 중요한 것은 예정된 문제가 발생하지 않도록 반려견이 생활할 환경과 고유한 기질을 조화시켜야 한다는 점이다.

개는 길든 맹수다. 다시 말해 사냥꾼, 그리고 같은 개들과는 사회적으로 밀접한 관계를 맺고 있다.

오늘날 개의 품종이 엄청나게 다양해진 까닭은 품종 개량 때문이다. 인간은 개의 특징을 선별하고, 목적에 맞게끔 품종을 개발했다. 이를 통해 개의 체형이나 모질의 종류 같은 외형은 물론, 성격까지도 구분했다. 예컨대 사냥, 경계 능력, 매력, 상태, 감시, 비호 능력 등은 품종마다 천차만별이다.

품종 개량에는 전 세계 다양한 문화권에서 개가 차지하는 위상이 저마다 다르다는 사실도 반영되어 있다.

대부분의 사람은 반려견을 선택할 때 생김새를 기준으로 삼

▶ 오늘날의 개들 역시 사냥감의 심장을 노린다.

는다. 하지만 반려견의 모색, 모질, 체구 같은 특성 또한 부차적인 기준이 되어야 한다.

동물은 변하는 환경에 적응하며 번식한다. 여기에는 동물의 체격(건강, 힘, 인내력), 특정한 능력(리더십, 사냥 능력, 스트레스에 대한 내성, 지배 능력)이 영향을 미친다. 하지만 최근에 나타난 품종 개량은 이러한 과정과는 관련이 없다. 개량하는 동물은 인간이 선택한다. 따라서 유감스럽게도 모든 교배의 목표는 개의 건강이나 특수화가 아니다.

동물의 행동은 유전적 요소는 물론, 사회화·습관화·학습 경험 등의 영향을 받는다. 따라서 몇 세대를 거치는 동안 특정한 성격이 고착되거나 바뀌는 것은 불가능하다. 이 때문에 오랜 세월에 걸쳐 교배가 이루어졌다.

그러므로 품종에 따라 재능의 차이를 고려한 후 반려견을 선택해야 한다.

* 일부 품종에서는 고착화된 유전병과 장기 손상, 특정 기형이 자주 나타난다. 품종의 기준을 세우고 그에 맞는 교배가 진행되었기 때문이다.

각 견종의 특징

	농장견	소몰이견	가축 보호견	목양견 (양치기 반려견)	사역견 (워킹견, 노동을 제공하는 반려견)
업무	▸ 집과 농장을 지킴 ▸ 몰이나 짐수레를 끄는 일도 할 수 있음	▸ 소 무리를 몰거나 지킴	▸ 소나 양 무리를 지킴 ▸ 혼자서 자주 무리의 곁을 지킴	▸ 양치기의 지시에 따라 양을 한곳에 몰고 한곳에 있도록 유도함 ▸ 반항하는 양을 물어서 제어하지만, 다치게는 하지 않음	▸ 경비나 경호 ▸ 썰매 끌기
품종의 예	그레이트 스위스 마운틴 독, 버니즈 마운틴 독	아펜젤러, 엔틀버쳐 마운틴 독, 로트바일러	타트라 마운틴 시프도그, 쿠바스, 캉갈, 그레이트 피레니즈	보더 콜리, 오스트레일리안 셰퍼드, 하저 풍스	호바바르트, 저먼 셰퍼드, 도베르만, 블랙 러시안 테리어
재능	▸ 힘이 좋음 ▸ 가출해 방랑하는 일이 거의 없고, 자신의 의지로 견주 곁에 머무름 ▸ 성격이 조용함	▸ 주의 깊고 스스로 감시를 잘함 ▸ 활발함	▸ 매우 독립적임 ▸ 방어 능력이 뛰어남	▸ 뛰기를 좋아하고 빠름 ▸ 노동의 기쁨을 매우 크게 느낌	▸ 뛰기를 좋아하고 빠름 ▸ 따르는 것을 좋아하고 열광하면서 일함
가능한 문제	▸ 크고 힘이 셈 ▸ 영역을 지키려는 본능	▸ 힘이 셈 ▸ 영역을 지키려는 본능 ▸ 일할 때 발목이나 뒤꿈치 같은 관절을 무는 성향이 있음	▸ 영역을 지키려는 매우 강한 본능 ▸ 강한 서열 본능 ▸ 견주가 통제하기 어려울 수 있음 ▸ 매우 독립적이고 힘이 셈 ▸ 사회화 부족이 매우 쉽게 이루어짐	▸ 목축 행동을 충분히 하지 못하면 괴팍한 행동을 할 수 있음 ▸ 많은 활동량과 노동에 대한 욕구가 쉽게 가라앉지 않음 ▸ 심리적인 에너지 소모로 말미암아 문제 행동이 쉽게 나타날 수 있음	▸ 뛰거나 일하려는 욕구가 너무 강함 ▸ 서열 본능 ▸ 영역을 지키려는 본능

마스티프(몰로서)	핀셔·슈나우저	스피츠와 원형의 반려견(늑대 반려견)		
		북쪽(북구, 스칸디나비아) 반려견		
		썰매견	사냥견	목축견
▸ 경비견 ▸ 사냥견 ▸ 곰이나 수컷 소를 대상으로 하는 투견 ▸ 전투견(군용견) ▸ 귀족의 애완견	▸ 외양간을 지키고 쥐를 잡음 ▸ 마차를 호위하고 방어함	▸ 썰매 끌기 ▸ 사냥	▸ 훈련을 통해 사냥감을 보면 짖음	▸ 목축 노동 ▸ 주거지를 지킴
그레이트데인, 보르도 마스티프, 마스티프, 마스티노 나폴레타노	저먼 핀셔, 슈나우저	허스키, 알래스칸 맬러뮤트, 사모예드, 그린란드견	라이키, 잠툰드, 엘크하운드	라프훈트, 부훈트
▸ 크고 힘이 세지만 조용한 편임 ▸ 사냥, 경비, 방어 등 다양한 능력이 있음	▸ 조종하기 쉽고 빠름 ▸ 특히 사냥에 열정적임 ▸ 저돌적임	▸ 힘이 셈 ▸ 사냥에 대한 열정이 있음	▸ 뛰는 운동 ▸ 사냥	▸ 강하고 뛰기를 좋아함
▸ 크고 힘이 셈 ▸ 심각한 골격 질환에 잘 걸림 ▸ 영역을 지키려는 강한 본능	▸ 사냥 소질 ▸ 영역을 지키려는 본능	▸ 강한 사냥 소질 ▸ 강한 서열 본능 ▸ 많은 활동량 요구 ▸ 독립적임	▸ 강한 사냥 소질 ▸ 많은 활동량 요구 ▸ 독립적임 ▸ 일부는 짖기를 좋아함	▸ 많은 활동량 요구 ▸ 영역을 지키려는 본능 ▸ 짖기를 좋아함

	스피츠와 원형의 반려견		소형견	테리어	경찰견
	중앙 유럽과 아시아 스피츠	원형의 반려견			
업무	▸ 경비견 ▸ 육류 제공	▸ 사냥견 ▸ 경비견 ▸ 야생화된 가정견	▸ 특별한 업무가 없음 ▸ 귀족이 무릎 위에 놓고 키울 수 있도록 개량 교배됨	▸ 여우, 오소리, 토끼, 쥐, 생쥐 사냥	▸ 냄새를 쫓는 일(다친 동물의 흔적을 쫓음)
품종의 예	키스혼드, 저먼 스피츠 미텔, 저먼 스피츠 클라인, 유라시아, 차우차우, 일본 스피츠	딩고, 케이넌 독, 포덴코, 바센지	몰티즈, 허배너스, 페키니즈, 소형 스패니얼	잭 러셀 테리어, 웰시 테리어, 보더 테리어, 요크셔테리어, 케언 테리어	하노베리언 하운드, 바바리안 마운틴 하운드
재능	▸ 훌륭한 지킴이 역할을 함 ▸ 배회하는 경향이 매우 적음	▸ 대부분은 사냥 업무를 하지만, 일부는 훌륭한 지킴이 역할을 함	▸ 날렵함 ▸ 훈련을 제대로 하면 기쁘게 협동하면서 일함	▸ 뛰기를 좋아함 ▸ 날렵함 ▸ 사냥에 대한 열정이 있음	▸ 뛰기를 좋아함
가능한 문제	▸ 짖기를 좋아함 ▸ 독립적임 ▸ 영역을 지키려는 본능	▸ 사냥에 대한 열정이 강함 ▸ 매우 독립적임 ▸ 딩고는 야생 동물이므로 가정견으로 양육하는 것은 불가능함	▸ 처음부터 충분한 사회적 접촉이 필요함 ▸ 운동량을 과소평가하기 쉬움 ▸ 짖기를 좋아함	▸ 사냥에 너무 몰두함 ▸ 독립적임 ▸ 영역을 지키려는 본능 ▸ 쉽게 흥분함	▸ 사냥에 대한 열정이 강함 ▸ 몰두할 것이 없으면 야생화되거나 배회할 가능성이 있음

사냥견					
낮게 달리는 브라케	라우프훈트·브라케	포인터·세터	수색하고 사냥감을 몰아 오는 반려견	리트리버	하운드
▸ 토끼, 여우, 오소리 사냥 ▸ 수색 ▸ 사냥감 몰이	▸ 무리를 이루어 사냥하거나 짝을 지어 몰이식 사냥 ▸ 토끼, 여우, 오소리 사냥 ▸ 냄새 쫓기 ▸ 짖으면서 쫓음	▸ 앞장섬 ▸ 사냥감을 물고 옴	▸ 샅샅이 찾기 ▸ 사냥감을 물고 옴	▸ 물에서도 사냥감을 가지고 옴	▸ 견주와 상관없이 사냥감이 눈에 띄면 사냥함
닥스훈트, 웨스트팔리안 닥스브라케, 프티 바세 그리퐁 방댕	폭스하운드, 비글, 블랙 앤드 탄 쿤하운드	포인터, 저먼 포인터, 세터	코커 스패니얼, 저먼 스패니얼	래브라도, 골든 리트리버, 스패니시 워터 독, 워터 스패니얼	아프간하운드, 보르조이, 휘핏
▸ 후각이 매우 뛰어남 ▸ 근본적인 교배 목적과 역할에 따라 특정한 재능을 보임 ▸ 사냥에 대한 열정이 뚜렷하게 나타남					
▸ 사냥에 대한 열정이 강함 ▸ 독립적임	▸ 사냥에 대한 열정이 강함 ▸ 몰두할 것이 없으면 야생화되거나 배회할 가능성이 있음 ▸ 독립적임	▸ 사냥에 대한 열정이 강함 ▸ 몰두할 것이 없으면 야생화되거나 배회할 가능성이 있음	▸ 사냥에 대한 열정이 강함 ▸ 몰두할 것이 없으면 야생화되거나 배회할 가능성이 있음	▸ 물건을 방어하려는 성향이 있음 ▸ 물을 매우 좋아함	▸ 사냥에 대한 열정이 강함 ▸ 매우 독립적임

품종은 어떻게 고를까?

개의 품종은 매우 다양하다. 현재 FCI(세계애견연맹)에서 인정한 품종만 하더라도 4백 종이 넘는다. 아직 파악하지 못한 혼종이나 새로운 품종, 공인되지 않은 품종도 간과해서는 안 된다. 이렇듯 다양한 품종 중에서 반려견을 선택할 때는 개가 앞으로 생활하게 될 환경에 잘 맞을지, 개의 모질이나 크기, 체형이 마음에 드는지 고려해야 한다.

반려견을 고를 때는 두 가지를 주의해야 한다. 첫째, 출처가 의심스러운 곳에서 입양하는 것은 피해야 한다. 이는 간접적으로라도 동물 학대를 막을 수 있는 행동이다.

▶ 개는 주로 후각을 통해 세상을 인지한다.

품종에 대한 다양한 설명을 비교해 보고, 특정한 성향 때문에 나타나는 까다로운 점이나 가능한 문제를 차분히 생각해 보자. 이런 식으로 계획을 세우고 조사한다면 이후에 많은 도움이 될 것이다.

둘째, 10~15년, 혹은 그 이상의 기나긴 세월 동안 반려견과 친밀한 관계를 맺으며 살아가야 한다는 점을 염두에 두어야 한다.

반려견 고유의 기질 교배

품종별로 나타나는 특정한 기질은 교배에 따라 달라진다. 품종 분류는 대개 비슷한 교배 이력이나 교배 목적이 같은 개들을 기준으로 이루어진다.

품종을 선택할 때는 교배로 말미암은 기본적인 특징을 파악하는 것이 중요하다. 이를 통해 대략적이나마 어떠한 행동 발달을 보일지 예측할 수 있기 때문이다. 보편적 특성과 특수한 특성 사이에는 간극이 있을 수 있고, 이 간극은 매우 클 수도 있다. 하지만 그렇더라도 퍼그가 셰퍼드의 특성을 지닐 수는 없다.

보편적 특성

- **보편적 사냥 욕구**: 이 부분에서 사냥에 대한 전문성은 부차적인 문제다. 여기에는 주로 감각적 자극(움직임, 기타 시각적 자극, 후각적 자극, 숲이나 물이 있는 곳에 대한 선호도), 사냥감의 행동, 개의 독립성이 큰 영향을 미친다. 중요한 것은 '경계심'이 사냥에 대한 전문성에 해당한다는 점이다.

- **보편적 지도 욕구**: 이는 인간과의 협력 관계로 말미암아 생겨난 교배 목적이다. 특히 자립적이어야 하는 품종, 또는 인간에게 의지하기보다 같은 개들과 함께 움직여야 하는 품종은 분명한 독립성을 보인다(예: 무리 지어 다니는 개, 안내견, 여러 종류의 테리어).

- **보편적 활동성**: 교배 시 활동성 정도는 그에 따른 근본적인 교배 목적과 밀접한 관계를 맺는다. 개의 선조 중에서 활동성이 강한 개는 '사역견'으로 선택되었다. 이 개들은 오늘날에도 눈부시게 활약하고 있다. 개들은 근본적인 교배 목적에 따라 매우 다양한 재능을 발전시켜 왔다.

- **보편적 반응성**: 반응성은 외부 자극을 고려해야 한다. 외부 자극에는 마음가짐이나 훈련 방식이 큰 영향을 미칠 수 있다. 가장 중요하게 살펴보아야 할 세부 사항은 교배 이력에서 외부 자극에 반응하는 방식을 주로 어떻게 처리했는지다. 여기에는 기분 좋게 짖는 태도나 공격적인 태도 같은 것이 반영된다.

- **영역성의 정도**: 이는 맹렬한 기질을 지닌 사역견과 경비견에게서 강하게 나타난다. 하지만 다른 품종도 이를 발전시킬 목적으로 선택 교배하기도 한다. 영역성이 강한 개는 자원을 지키려는 성향 역시 강하다. 이러한 성향은 사회적 성숙도가 갖추어졌을 때 비로소 완전히 발현된다. 이는 경비견이 갖추어야 할 성격이기도 하다. 개인적 영역에서 다른 동물과 평화롭게 공존하려면 특히 사회화가 필요하다. 따라서 자원에 대한 훈련이 조기에 이루어져야 한다.

관련 있는 특징

- **몸의 민감성**: 몸의 민감성이 낮은 품종은 놀이나 훈련 등을 할 때 통증을 덜 표현한다. 하지만 이러한 특징은 그저 반응일 뿐이다. 실제로 그 품종이 통증을 덜 느끼는 것은 아니다. 몸의 민감성이 낮은 품종도 다른 품종과 같은 감각 세포를 가지고 있다. 대개 이러한 품종은 안정된 상황에 놓이면 자신을 만지는 것에 인내심을 보인다.
  스트레스는 일시적으로 무감성을 발현할 수도 있다. 하지만 매우 높은 수준의 반응성을 동반하는 경우도 많다.

- **사회적 개방성**: 이 특징은 생후 몇 주에 걸쳐 매우 큰 폭으로 변할 수 있다. 대부분 생후 2~12주에 걸쳐 결정된다(스트레스, 다른 개와 인간과의 사회화에 따른 안전한 자극 정도, 30쪽 참조). 새끼에 대한 애정, 헌신, 공격적 성향 등도 개방성의 영향을 받는다. 따라서 이러한 특성들이 그 품종의 실제 성격이라고 생각해서는 안 된다. 어느 경우에든 특성들의 강도는 과거의 경험, 양육, 훈련 상황에 따라 달라진다.
  같은 품종과 어울리는 사회성 기술 역시 사회화 정도, 그리고 개가 현재 받는 스트레스 유형의 영향을 받는다. 하지만 숨기, 부딪치기, 밀치기 같은 행동 성향은 교배의 주목적에 따라 품종이 지닌 고유한 특성이다.

* 개가 지닌 불안 성향은 공격성과는 달리 유전적 요소에 의해 크게 좌우된다. 특히 불안 때문에 생긴 행동은 모견의 영향이 크다.

- **학습의 즐거움과 동기 부여 능력**: 이는 지도 욕구와 밀접한 관련이 있지만, 관리 방법 역시 중대한 영향을 미친다. 일찍이 인간의 지도에 따라 성과를 거둔 개는 관련자나 훈련사와 더욱 수월하게 협력 관계를 맺고 동기를 부여한다.

- **위험성**: 다양한 요소 때문에 위험성이 생긴다. 관건은 입으로 무는 정도를 조절하는 것이다. 그뿐만 아니라 사회화, 보편적인 불안 정도, 영역성, 현재 반려견의 건강은 위험 수준을 평가할 때 고려해야 하는 변수다. 특히 반려견이 어릴 때 자라고 훈련받은 환경은 위험성에 지대한 영향을 미친다. 다시 말하면, 종합적인 건강 상태가 중요한 요소가 된다(61쪽 참조).

강아지? 아니면 성견?

개의 성격 형성에는 자라온 환경과 환경적 요인이 큰 영향을 미친다. 강아지 때부터 키우게 될 때는 품종과 부분적으로 추측할 수 있는 관찰 결과에 따라 앞으로 강아지가 갖추게 될 기질을 예측할 수 있다.

성견의 성격은 보는 즉시 파악할 수 있다. 오랜 시간에 걸쳐 쌓인 능력과 경험에 따라 행동하기 때문이다.

* 단발성 검사로는 강아지나 성견의 예민함 정도를 파악할 수 없다.

오늘날에는 일반적으로 '사역견'보다는 '반려견'을 선호한다. 이러한 추세 때문에 반려견에게 필요한 것이 그다지 많지 않다고 판단할 수도 있지만, 천만의 말씀이다. 반려견에게 필요한 사항을 과소평가해서는 안 된다. 반려견은 어릴 때 주로 안정감이 부족한 상황, 사회화 경험의 결핍, 부정적인 학습 경험 등을 겪는다. 이러한 경험들은 반려견에게 지속해서 스트레스를 줄 수 있고, 스트레스 상황은 문제로 이어질 수 있다.

반려견을 선택할 때 고려할 내용

반려견을 고를 때는 안전하게 키울 수 있는 공간을 확보하고, 집 안에서 반려견이 받게 될 자극에 대한 안전성을 점검해야 한다.

성견을 선택했다면 생활하던 환경과 새로운 환경이 비슷한지, 견주와 함께 익숙하게 살아갈 수 있을지 사전에 점검해야 한다. 문제가 있다면 무엇 때문인지 파악해야 한다.

▶ 아이와 반려견은 멋진 가족이 될 수 있다.

개의 혈통

순종을 데려올 생각이라면 전문 브리더를 찾자. 다음에 제시한 확인 사항을 토대로 브리더에게 물어보는 것이 좋다. 브리더가 이러한 질문들에 인내심을 가지고 대답하는가? 브리더가 당신이 원하는 품종을 취급한다면, 그 품종에 어느 정도로 익숙한가?

여기서 주의할 점이 있다. 브리더가 동시에 여러 품종을 다루고 있다면 의심해 볼 필요가 있다.

입양 전 확인 사항

- ☑ 브리더는 개들의 건강을 위해 위생적인 교배 환경을 유지하고 있는가(급식, 구충, 예방 접종 포함)?
- ☑ 부모견이 해당 품종이 자주 걸릴 수 있는 특정 유전병으로부터 안전한지 아닌지를 검사받았는가? 받았다면 문제가 없다는 수의사의 증명서를 제시할 수 있는가?
- ☑ 브리더는 개들을 어떻게 기르고 있는가(함께 생활하는가, 케이지나 마당에서 관리하는가)?
- ☑ 얼마나 어린 강아지를 분양하는가?
- ☑ 입양 전, 개를 보러 여러 번 방문할 수 있는가?
- ☑ 강아지일 때 브리더가 중점을 두고 발달시키는 부분은 무엇인가?
- ☑ 개들이 일상생활에 얼마나 잘 녹아들어 있는가(산책·여행·운동)?
- ☑ 브리딩이 이루어지는 곳과 입양 가정의 환경에서 중요한 기준(예: 낯선 사람, 동물, 소음 공해 등과의 접촉)이 일치하는가?

브리딩이 이루어지는 곳에 찾아가 개를 고를 때에는 외모에만 사로잡혀 결정하지 않도록 주의하자!

브리더는 대개 강아지들을 취급하지만, 경우에 따라 유견이나 성견도 다룬다. 이런 경우, 개가 강아지일 때 주인을 찾지 못한 이유를 물어보자.

대부분 보호소에서는 성견을 입양한다. 이는 입양 주선 기관, 사설·공립 기관, 그리고 특정 품종의 경우에도 마찬가지다. 이때도 데려올 개가 당신과 함께 지속해서 생활할 수 있는지를 판단하기 위한 표준 자료가 있는지 확인하자.

그런 다음, 개가 어떤 행동을 보이는지 자세히 관찰한다. 필요하면 반려견 트레이너 등 전문가의 도움을 받아 결정한다. 당신에게 적합한 개라는 판단이 서면 입양 절차는 어렵지 않다.

브리더나 보호소뿐만 아니라 개인을 통해서도 개를 입양할 수 있다. 이 경우에는 보통 한 마리를 들이게 된다. 그 밖의 선택 기준은 보호소에서 입양할 때와 비슷하다. 한 가지 덧붙이자면, 개를 왜 입양 보내는지를 물어보자. 간혹 개가 이상 행동을 보일 수도 있기 때문이다.

Tip 브리더나 보호소를 통해서는 대개 여러 마리 중 한 마리를 선택할 수 있다. 반려견을 고를 때는 충분한 시간을 두고 생각해야 한다. 반려견을 골랐다면 그 개에 대해 가장 잘 알고 있는 사람(보호소 직원, 브리더)에게 자문해 보아야 한다. 개의 성격이 당신과 잘 맞다면 개를 집에 데려와도 좋다.

입양 시 개의 나이

입양하기로 한 개가 강아지든, 성견이든, 그것은 견주가 선택한 결과다. 어느 쪽이든 장단점은 있다. 구체적으로 짚어 보자면, 강아지일 경우에는 발달 차나 능력 차가 전체 발달 과정에 커다란 영향을 미친다. 따라서 입양 시 개의 나이는 반드시 고려한다.

개의 일생에서 어린 시절이 가장 중요하다는 사실을 염두에 두자. 이 시기가 일생을 결정하기 때문이다. 생후 몇 주간 불안한 환경에서 부정적인 경험을 하면 발달이 크게 저해된다. 뒤늦게 이를 바로잡기는 매우 어렵다.

강아지를 데려오는 시기

강아지를 입양하기에 가장 적절한 시기라는 정답은 존재하지 않는다. 충분한 사회화가 필요한 시점과 그로 말미암아 안전에 대한 인식이 발현되는 시점에는 개별 차가 있다.

책임감이 있는 브리더는 강아지를 모견, 형제견, 그리고 필요에 따라 브리딩 중인 다른 성견과 매일 친밀하게 접촉하게 해서 다양하고 중요한 경험을 체득하도록 해 준다. 또한 성별, 옷차림, 움직이는 양상 등이 모두 다른 친밀한 사람들과 만나게 하는 것은 충분한 사회화는 물론, 안전에 대한 인식을 형성하는 데도 도움이 된다. 이러한 경험은 개가 태어난 날부터 체득해야 한다.

1차 기초 예방 접종(생후 6주)[1] 이후에는 다음과 같은 이유로 다른 개와 만나게 하는 것이 중요하다.

- 양질의 사회적인 행동을 제공한다.
- 같은 개들끼리 주고받는 언어가 한층 정교해질 수 있다.

브리더를 통해 이 모든 것이 충족된 상황에서 새롭게 견주가 되었다면, 반려견이 이전에 보낸 귀중한 시간을 토대로 유대

1) 한국의 경우 홍역이나 파보바이러스 같은 전염병에 노출될 가능성이 높기 때문에 2차 기초 예방접종 후에 외부 생활을 하는 것이 권장된다.-역주

▶ 개는 뛰어놀면서 세상을 탐색한다.

를 맺을 수 있다. 더욱 바람직한 것은 브리더가 이러한 가능성을 인지하고, 새로운 견주가 반려견을 데려갈 때까지 가능한 한 자주 볼 수 있게 해 주는 것이다. 그럴 때마다 형제들과는 격리해 짧게나마 서로를 알아 가게 하고, 필요에 따라 사회화 진행을 위해 훈련 과정을 두어 소소한 '모험'을 하게 하는 것도 좋다.

개가 자라는 환경이 이상적이지 않거나, 이후에 살게 될 곳이 현재 환경과 너무 다르다면, 새로운 가정으로 일찌감치 데려오는 편이 낫다. 행동 발달을 위해 생후 6~7주의 강아지를 데려오는 것도 특별히 문제가 되지 않는다. 이 시기의 강아지는 새로운 장소에 금방 익숙해지기 때문이다.

그렇더라도 동물 보호법에 따르면 가장 빨리 강아지를 입양할 수 있는 시기는 생후 8주다. 대부분 브리더는 강아지가 생후 10주가 되기까지 기다렸다가 새로운 견주에게 보낸다. 견주에게 문제가 있는 상황도 발생하기 때문이다.

새로운 가족으로 맞이하기

반려견을 데려온 첫날에는 다른 부담을 주지 말고, 자신의 페이스에 맞춰 낯선 환경에 익숙해질 수 있도록 하자. 하루 이틀이 지나면 반려견은 현재 상황이 '일상'이라는 사실을 점차 알게 될 것이다. 견주가 반려견을 위해 특히 신경 써야 할 점은 무리한 요구를 하지 말아야 한다는 것이다. 그렇게 하면 반려견은 안전하고 다양한 환경(익숙한 곳)에서 사회화를 학습할 수 있다. 체계적으로 지도가 이루어지는 강아지 집단에 합류하는 것도 이상적인 방법이다.

그렇더라도 나이와 상관없이 현재 환경에 빨리 적응하기 위해서는 안정과 애정이 필요하다. 때에 따라 지속적인 훈련과 관찰 보호도 도움이 된다. 그렇게 하면 반려견은 빠른 속도로 발전하고 있다고 느끼고, 견주 곁에서 안정감을 받을 것이다.

Tip 반려견이 움직이는 쪽으로 시선을 두어라. 무관심이든 기쁨이든, 견주가 감정을 표현하는 것이 좋다. 하지만 과도하게 요구하면 대부분 반려견은 불안이나 공격성을 드러낸다. 그뿐만 아니라 헐떡임이나 설사와 같은 증상이 나타날 수도 있다.

행동 발달

개의 행동 발달은 내부 자극(건강할 때와 질병에 걸렸을 때, 즉 내부에서 일어나는 몸의 통제)과 외부 자극(환경의 영향)으로 태어날 때부터 지속해서 이루어지는 과정이다. 개는 살아가면서 받는 자극에 영향을 받고, 이를 중추 신경계에 전달한다. 이러한 자극을 검토한 결과, 저마다 달리 조정된 행동(감정 변화, 동기 부여, 의도 등)을 보였다. 외부에서는 개의 행동을 통해 이러한 행동 발달(반응)을 파악할 수 있다. 내부·외부 자극은 견주가 목표로 삼은 반려견의 성격이나 행동에 영향을 미칠 수 있다.

따라서 반려견의 건강(예방책 포함)은 물론, 반려견의 행동에 영향을 미치는 애정, 그리고 자극의 정도와 질에도 신경을 써야 한다. 의도적으로 환경으로 말미암은 영향을 이용할 수도 있지만, 일상적인 주변 환경이 개의 행동을 형성할 수도 있다. 무엇보다 중요한 것은 경험의 통제를 통해 개의 행동이 우연하게 나타나지 않게끔 해야 한다는 점이다.

다음으로는 개의 발달 과정과 행동에 영향을 미치는 개별적 요소들에 관해 알아보도록 하자.

개의 발달 과정

개의 행동은 선천적인 것과 후천적으로 학습한 것 중 하나다. 행동 발달 과정에서 나타나는 다양한 발달기에는 여러 경로로 영향을 받게 된다.

태아기

개의 유전적 특징은 난자의 수정과 부모견의 유전자에 의해 결정된다. 부모견의 유전자에서 발현되는 성질은 개의 기본적인 행동 발달을 형성한다. 따라서 이 단계에서는 매우 이른 시기에 기본적인 탈락이 이루어진다.

▶ 반려견은 가정생활에 활력을 준다.

- **교정 가능성**: 품종별 유전적 특징은 브리딩으로 말미암아 광범위하게 흩어져 있다. 이런 특징은 체격이나 피부의 특징은 물론, 성격이나 건강에도 영향을 줄 수 있다. 따라서 부모견을 선택할 때는 건강은 물론 성격도 꼼꼼히 따져 보아야 한다. 부모견에게는 유전병, 스트레스에 대한 취약성, 불안 성향이 없어야 한다. 이러한 특징들은 강아지에게 유전될 확률이 매우 높기 때문이다.

신생기

생후 약 14일까지를 가리킨다. 이 시기의 강아지는 앞을 볼 수 없고 움직임이 둔하다. 그래서 물리적으로 부정적인 환경에서 보호받을 수 있다. 체온 조절 기능은 완전하지 않지만, 찬 것과 뜨거운 것은 구분할 수 있다. 후각과 미각, 통각 역시 태어날 때부터 갖추고 있다.

- **교정 가능성**: 연구 결과에 따르면, 이 시기에 이루어지는 인간과의 후각적 접촉은 이후 발달기에 도움을 준다. 적당한 수준의 스트레스(예: 강아지를 보금자리에서 꺼내 몸무게를 재거나 손 위에 올려놓고 뒤집는 행동) 역시 스트레스를 극복하고 문제 상황을 해결하는 능력을 촉진한다.
  이 시기에는 스트레스 내성은 물론, 욕구 불만 내성도 키우게 된다. 강아지들은 형제견들과 함께 지내면서 욕구 불만을 경험한다. 이는 강아지가 발달하는 데 매우 중요하다. 강아지가 형제견 없이 홀로 자라면 사람의 손에 길러지거나 브리더의 과보호를 받을 수 있다. 이처럼 광범위한 결핍은 이후 욕구 조절에 영향을 미친다.

이행기

생후 15일에서 21일까지를 가리킨다. 이 시기에는 처음으로 눈을 뜨고 이빨이 나온다. 청력도 완성된다. 잠깐씩 보금자리를 떠날 수 있으며, 혼자 대소변을 보기 시작한다. 생후 3주는 4~5주와 더불어 안전장치를 준비하는 가장 중요한 시기다.

- **교정 가능성**: 다양한 인간이나 사물과 함께하는 경험을 통해 더욱 완전한 안전장치를 갖출 수 있다.

사회화기

사회화기에는 처음으로 개별 상황에 맞는 신경 연결이 이루어진다. 따라서 이 시기에는 불필요한 화합물을 분해하고, 필요한 신경 경로를 안정시키는 것이 중요하다. 강아지는 경험을 많이 할수록 더욱 광범위한 신경계(더 나은 '하드웨어')를 구축하고, 자신의 행동이 상황에 어떠한 영향을 미치는지 인지(다양한 학습 경험='소프트웨어 프로그램' 선택)할 수 있다.

* 사회화기에 체득하는 경험(안전 자극 포함)은 이후 낯선 환경에서 개가 보이는 감정을 비교하는 기준이 된다.

몇 년 전까지만 하더라도 생후 16주까지를 사회화기로 규정했다. 하지만 이제는 이행기와 사회화 초기 2주(생후 4~5주) 동안 이후의 시기에 필요한 기본적인 안전장치를 갖춘다는 사실을 알게 되었다. 사회화에서 가장 중요한 시기는 이행기, 그리고 대략 생후 12주까지 연결된다. 그렇더라도 의도적으로 제공하는 긍정적인 경험은 청소년기까지 제공해 실제로도 안정적인 '경험 완충 장치(참고할 만한 척도)'를 구축해야 한다.

사회화기에는 사회적 행동 규칙을 학습하고 연습한다. 이 시기에는 다른 강아지나 인간(필요에 따라 함께 생활하게 될 다른 동물)과 일상적으로 친밀하게 접촉하는 것이 꼭 필요하다. 환경의 자극을 경험하는 것 역시 강아지의 행동 발달에 큰 영향을 미친다. 과도한 상황을 피하는 것도 발달 촉진에 도움이 된다.

이 시기에는 스트레스 내성, 유대 형성 능력, 학습 능력 등의 발달에도 결정적인 영향을 줄 수 있다. 우호적이며 긍정적인 상태(자유로울 때), 사회적이면서도 훈련이 잘되어 있는 상태, 그리고 자신감을 갖춘 개로 성장하려면 강아지일 때 체득하는 긍정적인 경험과 강제성 없이 이루어지는 초기의 훈련(복종할 때)이 필요하다.

- **교정 가능성**: 강아지가 주변 환경을 긍정적으로 인식할 수 있게 한다. 사회화기에 겪는 부정적 경험은 행동 발달에 오랜 기간 영향을 미치고, 바로잡기도 어렵다. 이는 특히 강아지에게 상황에 맞는 '긍정적 완충 장치(비슷한 상황에서 과거에 자주 겪은 경험)'가 없을 때 더욱 심하게 나타난다.

청소년기

청소년기는 사회화기와 연결되어 나타난다. 이 시기에도 사회적 접촉과 놀이가 강아지의 행복감에 큰 영향을 미친다. 접촉에 별다른 특징이 없더라도 말이다. 그래서 이 시기에는 통상적인 사회 접촉과 복종 훈련을 계속해야 한다. 생후 4~6개월 사이에는 이갈이가 시작된다. 이러한 청소년기는 발정기까지 지속된다.

- **교정 가능성**: 청소년기에는 무리 앞에 나서고자 하는 성격이 강해진다. 이러한 지배 본능을 억누를수록 계획대로 강아지를 훈련하기가 수월해진다.

Tip 여기서 언급한 지배 능력은 특히 스트레스 상황에서 보이는 평정심에 중점을 둔다. 하지만 규칙에 따르는 일관성도 중시해야 한다. 반려견이 지배하려는 행동을 지도할 때는 압박이나 공격보다는 단호한 태도를 보이는 것이 좋다. 또한 예측할 수 있는 행동(문제 방지 포함)을 통해 지도력을 보여 주고, 기본적인 지배 방식을 강조할 수 있다.

성년기

인간과 마찬가지로, 개의 성년기도 개체마다 다르게 나타난다. 예컨대 성적으로 성숙했다고 해서 사회적 성숙이 동시에 이

▶ 가족과 즐겁게 뛰어노는 것은 강아지의 행동 발달에 긍정적인 영향을 준다.

루어지는 것은 아니다. 여기에도 브리딩 목적에 따른 통제 변인이 작용하고, 어느 정도까지는 사회적 환경도 영향을 미친다. 종합적으로 봤을 때 소형견은 생후 1년 6개월, 대형견은 생후 3년 정도면 사회적 성숙을 이룬다. 강아지일 때 쌓은 경험들은 성견이 되어서도 영향을 미친다. 성견은 그간의 경험을 토대로 상황을 예측한다.

- **교정 가능성**: 집단 내에서 더욱 안전한 장소 확보, 매일 바뀌지 않는 사람, 같은 개들과 친밀하게 어울리는 시간, 정기적인 건강 검진, 매일 이루어지는 심신 활동 등은 반려견

의 행복과 적응에 필요한 요소다.

견주는 공공장소에서 반려견의 행동을 예측하고 리드해야 한다. 적어도 기본적인 명령(110쪽부터 제시된 훈련 내용 참조)에 적절한 행동을 보이는 반려견이라면, 공공장소에서 함께하기가 한결 수월하다. 반려견에게도 지속적인 운동은 도움이 된다. '흐름이 있는 훈련'을 통해 반려견이 정기적으로 운동할 수 있도록 하고, 반려견의 정신 건강에도 신경을 써야 한다. 이는 반려견이 노년이 될 때까지 계속되어야 한다는 점을 잊지 말자!

노령기

평균적으로 생후 7년이 되면 노령기가 나타난다. 개의 품종은 다양하므로 노령기에도 개별 차가 크다. 보통 소형견은 대형견보다 수명이 길고 노령기도 늦게 찾아온다. 하지만 사람처럼 개체마다 차이가 있다. 상대적으로 일찍, 또는 늦게, 천천히, 급작스럽게 늙는 개들도 있다. 개는 늙을수록 인간의 노화에서 나타나는 것과 비슷한 증상을 보인다. 감각 능력(특히 시각과 청각)이 퇴화하는 현상도 그렇다.

- **교정 가능성:** 나이가 들수록 정기적으로 건강 검진하는 것이 중요하다. 검진 과정에서 일찍 질병을 발견하면 치료할 수 있다.

안전장치

생후 3~5주가 된 강아지는 주변 환경을 두려워하지 않는다. 아직 뇌가 '두려움'이라는 감정에 익숙하지 않은 탓이다. 이 시기의 강아지에게는 부교감 신경계(이완, 안정감, 편안함, 동화 작용)가 주로 영향을 미친다. 또한 이 시기에는 주변 환경에 대한 정서와 인지 능력이 형성된다. 강아지가 받는 모든 자극은 이후에 필요한 안전장치에 도움이 된다. 두려움이 거의 없는 상태에서 맞닥뜨리는 자극이기 때문이다.

사회적인 자극(생명체와의 만남, 교류)과 지속적인 자극(변함없는 주변 양상)은 매우 중요한 안전 자극이다. 두려움으로 이어지지 않는 자극과 정서적으로 안정된 모든 자극은 안전장치라 할 수 있다. 각각의 상황에서 주어지는 정보(이미지, 냄새, 경험, 인간이나 다른 동물과의 만남 등)들이 보관된 서랍장 같은 것으로 생각할 수도 있다.

생후 5주가 된 강아지는 낯선 상황에서 정서를 조절한다. 즉, 강아지는 안전 자극이 들어 있는 자신의 기억 서랍을 뒤져, 현재 상황에 맞는 정보를 찾아낸다. 적절한 정보를 찾은 강아지는 안전하다고 느낀다. 해당 정보가 두렵지 않았다는 기억을 떠올리기 때문이다. 하지만 강아지가 서랍장에서 비슷한 정보를 찾지 못한다면, 처음으로 만난 자극에 불안감과 두려움을 느낄 수밖에 없다.

강아지는 안전장치가 다양할수록(서랍장에 정보가 많을수록) 낯선 상황에서도 안전하다고 느낀다. 그뿐만 아니라 완전히 같은 '이미지'를 찾을 수 없다 해도, 비슷한 정보가 있다면 두려움을 완화할 수 있다. 간헐적인 자극(예: 소음, 움직임)이나 드물게 겪는 자극(갑작스러운 환경 변화)은 안전장치로 분류하기가 어렵다. 이와 같은 자극 앞에서도 강아지가 편안하고 기분 좋은 상태이기를 원한다면, 긍정적인 맥락에 연계해 이러한 자극을 제공하는 것이 필요하다.

Tip 반려견은 평생에 걸쳐 훈련할 수 있다. 새로운 학습 내용을 얼마나 잘 수용하는지는 과거의 경험은 물론, 훈련 방법과 동기 부여에 따라 달라진다. 학습 이론에 기초한 훈련 방식을 체계적으로 계획하되, 지나치게 욕심을 부리지만 않는다면 단기간 내에 훈련 성과를 거둘 수 있다.

시기에 따른 개의 발달

기본 정보	발달 시기
유전적 영향	태어나기 전, 교배 결정
출생 시점	외부 영향들이 강아지에게 직접 미침
후각	출생 때부터 갖추고 있음. 생후 4개월 때쯤 완전히 발휘됨
미각	출생 때부터 갖추고 있음
통각	출생 때부터 갖추고 있음
온기와 냉기에 관한 감각	출생 때부터 갖추고 있음. 처음 몇 주 동안은 스스로 체온을 완벽히 조절하는 것이 불가능함
스트레스 내성의 발달	생후 2주까지 특히 중요함
좌절에 관한 내성의 발달	생후 5주까지 특히 중요함
모유를 뗌	생후 3주부터 시작
시각	생후 2주에 눈을 뜸
청각	생후 2주에 완전히 발달함
안전(보호)장치	생후 3~5주
동종에 관한 사회화	생후 5~6주까지는 집단이 특히 중요함. 낯선 동종은 생후 12주까지. 이후에도 지속해서 이루어져야 함
사람에 관한 사회화	생후 약 12주까지 중요함. 사람의 접촉은 본질적인 것이므로 이후에도 지속해서 이루어져야 함
낯선 다른 동물에 관한 사회화	출생 때부터 생후 12~16주까지 중요함. 이후에도 지속해서 이루어져야 함
이갈이	생후 4개월에 시작해서 생후 6개월에 마무리됨
무는 힘 조절	생후 5~6개월까지
서열 구조의 중요성	생후 4개월부터 점점 증가함
성 발달	수컷: 생후 4~10개월, 암컷: 생후 7~11개월
노령 시작	대형견: 약 6~8세 소형견: 약 10~12세

무는 버릇

무는 버릇은 태어날 때부터의 특성이 아니다. 생후 18주쯤 '행동–반응–선례'를 통해 학습하는 버릇이다. 강아지가 다른 강아지와 놀다가 갑자기 그 강아지를 물면, 상대 강아지는 고통스러워서 큰 소리를 낸다. 이런 큰 소리는 신나서 문 강아지에게 별 의미가 없다. 따라서 문 강아지는 계속 물어 버린다. 하지만 물린 강아지는 등을 돌리거나, 방어하기 위한 수단으로 같이 물어 버린다. 이러한 경험을 통해 강아지는 자신의 무는 행동이 문제라는 사실을 깨닫고, 큰 소리나 저항, 반응의 원인이 무엇인지 알게 된다. 결국 강아지는 자신이 공격하는 강도에 따라 반응이 달라진다는 점을 학습한다. 모든 강아지는 같은 강아지와 만났을 때 '놀이'라는 목적을 달성하기 위해 자신의 행동을 조절한다. 이는 무는 버릇을 제지하는 데 중요한 학습 경험이 된다.

* 일반적 견해와 달리, 강아지는 소위 '강아지라서 받는 보호'를 받지 않는다. 현실은 냉엄하다. 성견이 낯선 강아지를 지켜야 할 의무는 없다. 그렇더라도 새끼를 물거나 죽게 하는 일은 매우 드물다. 대부분 강아지는 성견 앞에서 비교적 복종하는 태도를 보여 자신을 보호하기 때문이다.

다른 개들과 어울리면서 무는 힘을 조절하는 법을 배우려면, 강아지일 때부터 청소년기까지 다양한 개와 어울려 놀아야 한다. 이를 통해 강아지는 다양한 놀이 유형이나 몸짓 언어를 익히고, 배운 것을 유일하게 활용할 수 있다. 적절한 사회적 행동을 보이는 놀이 상대(특히 무는 버릇을 제대로 익힌 성견)와 함께하는 경험도 중요하다. 또한 강아지는 사람을 상대할 때도 무는 버릇을 조절할 수 있어야 하고, 일반적인 예절 규칙(예: 마운팅하지 않는 버릇)도 배워야 한다.

다음과 같은 방법으로 무는 버릇을 제지하고 예절을 훈련해 보자. 반려견이 거칠게 놀기 시작한다거나 입질한다면, 짧고 굵게 소리친 다음 아무 말 없이 놀이를 중단한다. 반려견이 공격적으로 놀이를 계속한다면 모른 척하거나 피해 버린다. 훈련하는 과정에서 필요하다면, 반려견을 고정된 무언가에 리드 줄로 묶어 둔다. 그런 다음 반려견의 시야에서는 벗어나 있지만 행

> **Tip** 개들은 놀 때 이빨을 쓰지 않는다. 먹을 것을 주거나 쓰다듬을 때, 그리고 놀이할 때 반려견이 이빨을 드러낸다면 지속해서 거부하는 훈련을 해야 한다. 묵인하거나 반응을 보인다면 그러한 행동을 지지하는 결과를 낳는다.

동반경에 해당하는 장소에 머문다. 반려견이 침착함을 되찾고 예의 바른 행동을 할 때까지 기다리자. 그런 후 다음 놀이를 하도록 허락한다. 이런 방식을 통해 반려견은 이빨과 힘을 조절할 때만 사람과 함께 놀 수 있고, 애정을 받을 수 있다는 사실을 알게 된다.

강아지 놀이 집단

강아지들끼리는 집단으로 놀이하면서 개의 언어와 사회적인 규칙을 배운다. 개들 역시 안전한 교류를 위해 다양한 경험이 필요하므로 강아지 놀이 집단은 매우 적절한 발달 과정이다.

▶ 강아지들은 함께 놀면서 무는 버릇을 조절하게 된다.

발달 과정에서 적절한 사회화는 다른 어떤 요소보다 중요하다. 이를 위해서는 건강하면서 예방 접종이 잘된 다른 강아지들과 자주 만나게 해 주어야 한다.

강아지일 때는 면역 체계가 성숙하지 않아서 병에 걸릴 위험이 높다. 따라서 등록 기간에 예방 접종을 철저히 해 질병에 걸릴 위험을 방지해야 한다. 100% 만족스러운 방법은 아니더라도 조기에, 그리고 정기적으로 예방 접종을 해서 감염 우려를 없애야 한다.

강아지 놀이 집단을 선택할 때는 어떤 점을 고려해야 할까?

☑ 연령대가 같은 강아지들(최대 6마리, 생후 16주까지)로 이루어져 있고, 자격과 뛰어난 기술을 갖춘 훈련사가 이끄는 반려견 학교를 찾아보자.

☑ 노련한 훈련사가 특정 강아지를 꾸준히 관찰하며 훈련하는지 살펴본다.

☑ 집단에 속한 강아지에게는 다양한 양상을 띠는 주변 환경에 관해 가르치고, 새로운 과제에 도전하게 하는지 살펴본다. 또한 견주와 함께 보상을 바탕으로 하는 집중적인 예절 훈련을 받을 수 있는 곳이 좋다.

☑ 훈련 중 견주는 전문 교육에 대한 안내를 받고, 최근 이루어지는 훈육과 강아지의 행동에 대한 지식을 습득해야 한다.

☑ 강아지들끼리 얼마간 격한 놀이를 하더라도, 지나치게 자주 참견하거나 끼어들지 않는다. 이는 방관보다 훈련에 무익하다.

의사소통

개는 사회적 동물이다. 따라서 세밀하고 단계적인 방식으로 동종, 다른 동물, 나아가 인간과도 의사소통할 수 있다. 그렇더라도 모든 개가 태어나면서부터 사회적인 의사소통 능력을 갖춘 것은 아니다. 살아가면서 가장 중요한 규칙은 생후 몇 주에 걸쳐 다른 동물과 어울려 지내며 익히게 된다. 표정과 몸짓 언어를 가르치는 것은 사회적 교류 상대와 더욱 넓은 범위에서 접촉하기 위해 꼭 필요하다. 배려심과 자신감을 갖춘 인간에게 의사소통을 배운 개는 다른 개에게도 예의를 갖출 수 있다. 유감스럽지만, 그 반대의 경우도 가능하다. 그러므로 반려견이 나쁜 습관을 익히거나 나쁜 습관이 심해지지 않도록 꾸준히 관찰해야 한다.

▶ 성견도 다른 개와 어울려 노는 것을 즐긴다.

어디까지가 정상 행동일까?

오늘날 개의 품종은 4백 가지가 넘는다. 이들은 겉모습이나 행동이 모두 다르다. 이러한 특이성과 다양성 때문에 개의 정상 행동을 뚜렷하게 비교할 수는 없다. 정상 행동, 문제 행동의 범위, 특히 행동 장애가 어떤 것인지 알아보려면 품종마다 다르게 나타나는 독특한 행동을 고려해야 한다(14쪽 표 참조). 품종에 따라 상대적으로 특정 행동이 두드러지게 발달하는 경우도 있다. 이러한 사실을 기반으로 안전한 예방 원칙을 도출할 수 있다. 강아지를 선택할 때는 견주가 바라는 기준을 고려하고, 이를 토대로 원하는 방향으로 자라게끔 통제해야 한다.

Tip 개의 품종별 행동 특징과 족보를 참고해 신중하게 품종을 선택하자. 이는 반려견의 성격을 예측하는 데 유용하다.

* 개의 문제 행동을 평가하려면 품종의 특징, 연령, 성별, 주변의 모든 상황적 요소를 고려해야 한다(85쪽 참조).

개들이 가축화가 된 것은 약 1만 2천 년 전이다. 이 사실을 고려하면, 늑대의 행동을 더는 반려견의 정상 행동 기준으로 삼을 수 없다. 그런데도 개들의 몇 가지 독특한 특성은 늑대의 행동에 비추어 설명할 수 있다. 몸짓 언어를 능숙하게 인지하는 반려견은 견주가 상황을 쉽게 파악하는 데 큰 도움을 준다.

표현 행동

개의 의사소통은 몸짓 언어, 후각, 촉각, 청각 등을 통해 이루어진다. 특히 세세한 몸짓 언어(표정과 몸짓)는 개가 사용하는 언어 중 가장 중요한 역할을 한다.

반려견을 이해하려면 무엇보다 개의 몸짓 언어를 제대로 인지해야 한다. 개는 입꼬리를 위로 올리거나 귀를 쫑긋 세우는 등 얼굴로 표정을 드러낸다. 몸으로 표현하는 몸짓 언어는 머리, 몸통, 꼬리의 자세와 움직임 등을 말한다.

한 가지 신호만을 고려해 반려견의 행동을 판단하면 오답에

빠질 수 있다. 개의 언어는 다양한 맥락에서 보면 여러 가지 의미를 지닐 수도 있다. 특정 품종에서는 그러한 언어가 지극히 '정상적'인 상황에서 나오기도 한다. 예를 들어 보자. 개가 귀를 눕히는 행동은 두려움이나 상냥한 접촉(적극적인 순종)에서 나온 것일 수 있다. 꼬리를 꼿꼿이 세우는 행위는 강한 인상을 남기기 위한 것이거나, 특정 품종의 교배로 말미암아 발현되는 특징일 수도 있다.

이러한 관점을 충분히 고려하지 않으면 개의 의도를 잘못 이해하기 쉽다. 이러한 오해 중 가장 널리 알려진 것이 꼬리를 흔드는 행동에 대한 것이다. 많은 사람이 개가 꼬리를 흔드는 것은 즐거움의 표현이라 생각한다. 하지만 그 이유는 매우 다양하다. 대개는 흥분(자극) 상태로 말미암은 것이다. 이는 즐거움 때문일 수도 있지만, 싸우려는 의도나 불안 때문일 수도 있다.

개의 행동 양식을 인간의 도덕적 관념을 기준으로 판단해서도 안 된다. 한 예로, 견주는 잘못을 저지른 반려견이 그것을 인지하고 있다고 생각할 수 있다. 하지만 반려견의 몸짓 언어는 뉘우침이라기보다 두려움을 표현한 것일 수도 있다.

반려견이 다음과 같은 행동을 보일 때는 세세한 부분에 특히 신경을 쓰도록 한다.

- 반려견이 어느 쪽을 보고 있는가?
- 귀는 어떤 모양인가?
- 콧등을 찡그리고 있는가?
- 입술을 들어 올리고 있는가?
- 이빨과 잇몸이 어느 정도 드러나 보이는가?
- 입매가 움푹 파여 둥근 모양인가, 아니면 팽팽하게 뒤로 당겨진 모양인가?
- 전체적으로 볼 때 몸의 자세는 어떠한가?
- 근육이 이완되어 있는가, 아니면 경직되어 있는가?

- 반려견이 자신을 실제보다 큰 모습으로 보이려 하는가, 아니면 관절을 굽혀 작은 모습으로 보이려 하는가?
- 머리와 꼬리는 어떤 모양인가?
- 어떠한 움직임을 보이는가?
- 움직인다면, 어느 방향으로 움직이는가?
- 얼마나 빨리 움직이는가?

불안

불안 행동은 지극히 정상적인 반응이다. 이 행동은 대체로 사회화 정도, 과거 경험, 유전적 특징에 따라 달라진다. 어느 경우에든 불안하면 스트레스 증상이 나타난다. 심장 박동 수와 호흡수 증가, 설사, 배변 행위 통제 불능, 침의 과다 분비, 구토, 동공 확대 등을 예로 들 수 있다.

개는 불안한 상황에서 불안과 복종(예: 몸을 작게 하기, 꼬리를 다리 사이에 숨기기, 바닥에 등을 대고 드러눕기, 발 한쪽 들기, 귀 눕히기)뿐만 아니라 공격성까지 드러낼 수 있다. 궁지에 몰린 상황에서 위협이 계속되면 공격성이 점점 커지기도 한다. 불안은 몸에 신호를 보내 위험으로부터 자신을 지키게 한다. 따라서 자연 속의 생물들은 불안 경험을 신속하고 집중적으로 축적한다. 흥분 상태에서 불안이나 두려움을 느끼면, 이후에도 흥분으로 말미암아 불안을 느끼기도 한다. 불안 경험은 매우 빠른 속도로 일반화된다. 이는 특정 상황에서 느끼는 불안이 보편화된다는 의미다. 다시 말해, 특정 상황에서 별다른 스트레스를 받지 않아도 과거에 불안을 느끼게 했던 것과 비슷한 대상이나 생물, 상황 앞에서는 불안을 느끼게 된다.

* 반려견의 몸짓 언어

중립적인 자세

주의하는(관심을 두는) 자세

놀이하는 자세

놀이하는 자세

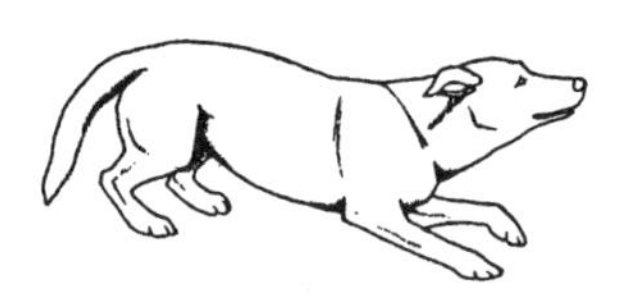

호의적이지만 불안한 자세

불안해하고 무서워하는 자세

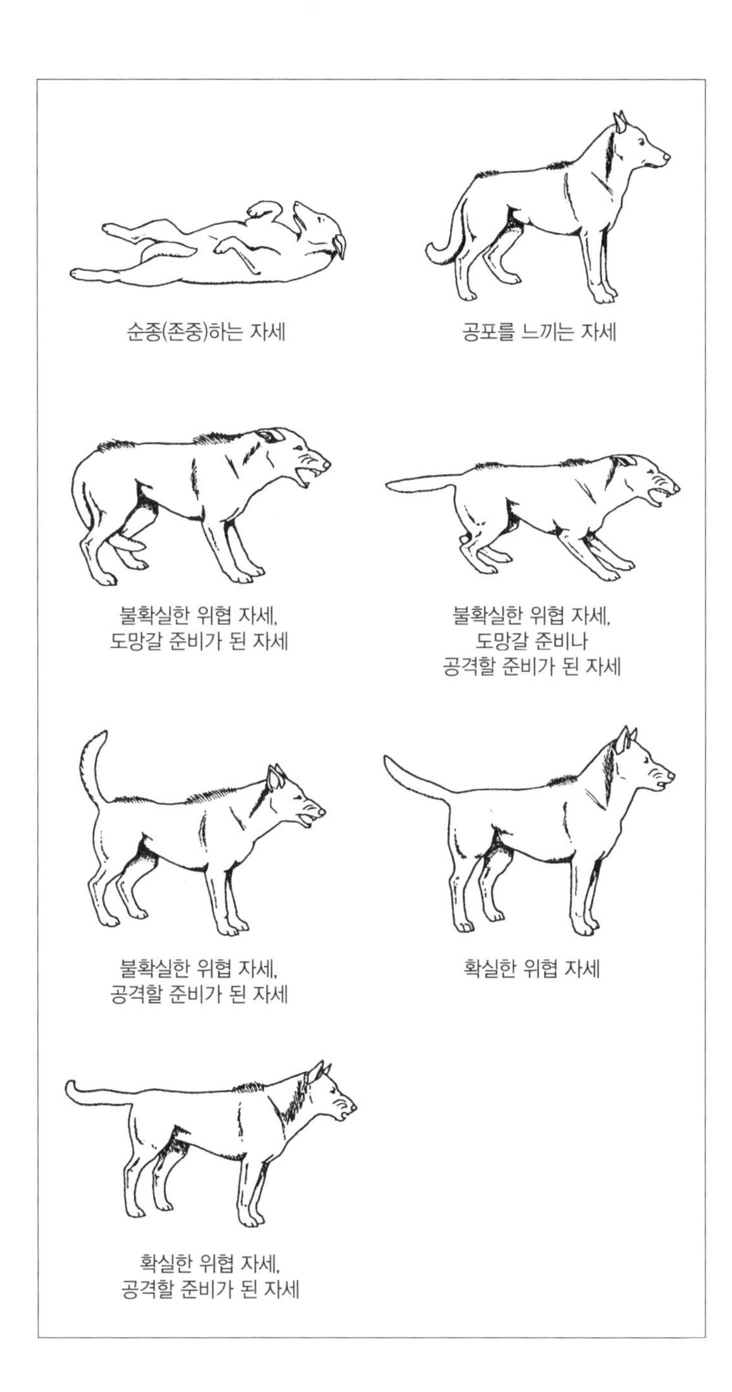
순종(존중)하는 자세
공포를 느끼는 자세
불확실한 위협 자세,
도망갈 준비가 된 자세
불확실한 위협 자세,
도망갈 준비나
공격할 준비가 된 자세
불확실한 위협 자세,
공격할 준비가 된 자세
확실한 위협 자세
확실한 위협 자세,
공격할 준비가 된 자세

Tip 반려견의 불안 경험은 피할 수 있는 괴로움이다. 때에 따라 또 다른 몸의 상처를 입을 수 있으므로 동물 보호법에 반한다.
따라서 불안 상황은 기본적으로 치료가 필요하다. 정밀 건강 검진을 실시해 전문적으로 치료해야 한다. 이때는 보상 원리를 토대로 하며 세밀한 단계로 구성된(정확히는 체벌과 압박을 가하지 않는) 치료 방식이 필요하다. 그러므로 행동 치료에 대한 전문 지식을 갖춘 수의사와 의논해야 한다. 대안으로는 반려견 돌봄이(예: 훈련사)를 따로 두는 방법도 있다. 이때는 학습 이론과 행동 교육에 전문 지식을 갖춘 담당 수의사와 훈련사가 긴밀하게 협의해야 한다.

불안(방어적 행동)에는 다음과 같은 반응과 행동 양식이 수반된다.

- 몸을 작게 함
- 귀를 눕힘
- 시선 회피
- 필요할 때는 불확실한 위협 자세를 취함(입가를 가능한 한 팽팽하게 당겨 이빨과 잇몸이 많이 보임)
- 도망, 회피
- 등줄기를 따라 털을 부풀림
- 동공 확대
- 심장 박동 수 증가
- 호흡수 증가
- 가벼운 경련

▶ 공격 의사가 불확실한 위협 자세.

공격

공격은 다양한 계기로 발생한다. 따라서 어느 정도의 공격은 정상 행동에 포함된다. 잦은 공격은 특정 자극에 보이는 반응이다. 이러한 행동이 비정상인 것은 아니지만, 함께 생활하려면 치료가 필요하다.

개가 공격하는 가장 일반적인 이유는 무언가를 잃을 것 같은 불안이나 두려움 때문이다. 구체적으로는 건강(질병, 통증, 몸의 불편함)이나 사물(자원)을 잃어서일 수도 있다. 그 밖에도 분노나 좌절감 등의 감정이 공격을 유발한다. 반대로 독립성, 원만함, 편안한 몸 등의 요소는 공격을 줄여 준다.

공격은 직접적·방어적 성향으로 발현된다. 직접적인 공격 표현으로는 상대에게 시선 고정하기, 위협, 구석으로 몰아넣기, 공격 행위 등이 있고, 방어적인 공격 표현으로는 불확실한 위협 자세, 방어적 입질, 허공에 무는 시늉하기 등이 있다. 이때 개는 상대를 바라보지 않고, 상대에게 적극적으로 다가가지도 않지만, 방어 태세를 갖추고 있다.

공격(직접적 공격)에는 다음과 같은 반응과 행동 양식이 수반된다.

- 몸을 크게 함
- 귀를 앞쪽으로 세움
- 상대에게 시선을 고정함
- 필요할 때는 확실하게 위협함(입가를 좁게 해 이빨과 잇몸이 거의 보이지 않음)
- 필요할 때는 적극적으로 접근하거나 공격함
- 어깨를 따라 털을 부풀림
- 동공 확대
- 심장 박동 수 증가

* 코르티솔(스트레스 호르몬)은 흥분을 조절하는 데 중요한 역할을 한다. 상황에 대처하는 능력을 학습하지 않아 스트레스가 쌓인 반려견은 흥분 상태에서 도주나 공격 행동을 보일 가능성이 높다.

사회적 놀이 규칙

Tip 연습만이 거장을 만든다! 사회적 행동을 훈련할 때도 마찬가지다. 견주는 반려견과 다른 개들이 평화롭게 만날 수 있도록 돕고, 거칠게 싸우는 일이 없도록 막아야 한다. 또 반려견을 지도하는 입장에서 상황을 원활하게 통제해야 한다. 반려견이 다치지 않게 하는 한편, 반대로 반려견이 상대에게 끼칠 수 있는 피해를 막아야 한다. '개들 싸움은 개들끼리 알아서'라는 주장은 전문가가 보기에 불확실하다. 또한 독일의 동물 보호법을 기준으로 하더라도 위험을 예방하는 태도로 볼 수 없다.

개는 어울려 지내면서 고유한 품종에 필요한 사회적 놀이 규칙을 익힌다. 그러므로 훌륭한 선생님(낮은 수준의 위협 행동과 무는 행위 조절 능력, 그리고 자신감을 갖춘 반려견)과 자주 만나게 하는 것이 필요하다. 대개 이런 만남은 산책 중에 이루어진다. 어린 강아지의 견주는 이런 만남이 강아지에게 긍정적인 영향을 끼치도록 주의를 기울여야 한다. 문제 행동을 예방하려면 부정적인 영향에서 반려견을 보호하는 것이 중요하다. 공격성향을 지닌 다른 개와의 접촉을 막거나 따돌림을 중단시키는 것 등을 예로 들 수 있다.

개와 인간이 함께 살아가려면 개들 사이에서 용인되는 사회적 놀이 규칙은 물론, 인간과의 사이에서 필요한 생활 규칙도 익혀야 한다. 인간이 외국어를 배우듯, 반려견 역시 인간의 언어를 학습한다. 같은 단어라도 전혀 다른 의미가 있을 수 있으니 말이다. 인간의 몸짓 언어 역시 반려견과의 의사소통에서는 다른 의미로 받아들여질 수 있다. 반려견의 머리를 어루만지거나 위에서 아래로 쓰다듬는 것 등이 전형적인 예다. 인간은 애정을 담아 반려견에게 관심을 보이는 행동이지만, 반려견은 자신을 해치려는 위협적인 몸짓으로 받아들일 수 있다. 물론 훈련을 받은 반려견이라면 그러한 행동에 담긴 낯선 의미를 이해할 수도 있다. 따라서 서로 간의 오해를 막으려면 목표 지향적인 훈련이 이루어져야 한다.

또한 개가 인간과 생활하려면 일반적인 언어 학습 외에 전반적인 훈련도 중요하다. 이는 개인적인 활동 범위는 물론, 공공장소에서도 필요한 항목이다. 예를 들면 어떠한 상황에서도 인간을 물지 말아야 하고, 앞발을 들며 달려들지 말아야 하고, 몸으로 위협을 가한다거나 계속해서 짖지 말아야 한다는 등의 규칙이 있다.

물론 반려견은 이 모든 것을 익힐 수 있다. 게다가 훈련을 빨리 시작할수록 전달하려는 규칙(사회적 규칙, 복종)을 더 쉽고 빠르게 학습할 수 있다. 이를 위해서는 견주와의 돈독한 신뢰가 필요하다.

반려견이 반드시 배워야 하는 학습 내용은 흥미로워야 하고, 견주의 지도는 반려견에게 이로워야 한다. 마치 운동 기구를 다루듯이 반려견을 강제로 끌고 나가거나, 로봇처럼 시동을 켜면 반려견이 작동한다고 생각해서는 안 된다. 반려견은 사회적 집단의 일원이고, 일상 속에서 지시를 내린다고 생각한다면 훨씬 수월하게 훈련할 수 있다.

▶ 공공장소에서 반려견을 신중하게 훈련하는 모습.

집단 따돌림

'희생자' 한 마리가 다른 한 마리, 또는 다수의 개에게 괴롭힘 당하는 것을 집단 따돌림이라 한다. 몸에 피해가 없더라도 집단 따돌림 상황은 악화될 수 있다.

대부분 따돌림의 표적이 된 개는 두려워하며 달아나려 하지만, 따돌림이 그칠 때까지 쫓기거나 괴롭힘을 당한다. 이러한 상황에서 따돌림을 당한 개는 대부분 공격 표현으로 방어하려 한다. 하지만 사람들은 이를 사교성이 부족한 것으로 받아들이거나 대수롭지 않게 여긴다.

이 문제는 따돌림의 대상이 되는 개에게만 해당하는 것이 아니다. 이러한 상황을 선도하는 개들은 거칠고 공격적인 행동을 반복 학습하게 된다. 그러므로 모든 견주는 반려견에게 바람직한 행동을 정확히 지시할 수 있는 능력을 갖추고, 반려견이 반복 학습을 통해 사회성을 기르도록 해 주어야 한다.

집단 따돌림은 양쪽 모두에게 불필요한 학습 경험이다. 따라서 집단을 주의 깊게 관찰하고 관리해 집단 따돌림을 효율적으로 방지해야 한다.

> **Tip** 개들끼리 접촉한 상황에서 집단 따돌림이 발생했다면, 반려견을 다른 개들과 떼어 놓고 상황을 바로잡아야 한다. 이때 견주는 냉정하고 당당하게 행동해서 또 다른 흥분 상황이 생기지 않도록 해야 한다. 반려견이 다른 상황에 집중할 수 있도록 관심을 돌리는 방법도 좋다.

놀이와 집단 따돌림을 구분하는 방법

- 놀이할 때의 표정과 몸짓은 과장되고 강한 동작으로 나타난다. 이때의 동작은 유연하고 유동적인 편이다.
- 집단 따돌림 시에는 양쪽 모두 뚜렷하고 강한 긴장감을 보인다. 동작은 경직되어 있다.
- 놀이에서는 양쪽의 역할이 바뀐다. 쫓기는 쪽이 쫓는 쪽이 되기도 하고, 그 반대가 되기도 한다.
- 약한 개는 집단 따돌림을 받으면 두려움을 느끼거나 계속된 만남을 피하려 한다. 대개는 따돌림이 시작되는 순간 만남을 꺼리고 피하려 한다.

서열

사회적인 테두리 내에서 생활하는 개는 집단 구성원과 긴밀한 관계를 맺는 무리 동물이다. 이 테두리 안에는 갈등을 최소화하기 위한 사회적 규칙과 위계질서가 존재한다.

사회적 규칙은 무리마다 허용 범위가 다를 수 있고, 인과 관계를 분명히 하지 않으면 반려견이 놀이 규칙을 엉뚱하게 이해할 수 있으므로 정확히 밝혀야 한다.

반려견은 개들 사이에서 심각한 갈등이 생기면 스트레스를 받는다. 개들에게 가장 중요한 것은 무리 내에서의 지위와 우선권이다. 이는 견주의 관심에 따라 달라진다. 견주가 강제로 서열을 정하기보다 반려견이 생각하는 서열을 고려해 조화로운 무리를 유지해야 한다. 서열을 분명히 정하려면 체벌 같은 구식 방법이 아니라, 개들이 중요하게 여기는 자원을 조절하는 방법이 효과적이다.

Tip 과도한 자극을 주는 놀이는 집단 따돌림의 양상을 띠거나 싸움으로 변질될 수 있다. 이때는 문제를 방지하기 위해 적절한 타이밍에 놀이 중인 반려견을 부르거나, 잠시 쉬게 해 진정시킨다(예: 다른 과제를 제시해 관심을 돌린다).

이 방법은 생존에 필요한 요소(사회적 관심, 먹을 것 제공)와 안락함(놀이, 쉴 수 있는 장소)과 관련이 있다. '높은 서열'은 반려견이 중요한 것을 자력으로 획득·소유하거나, 다른 반려견에게 위임받는 것을 뜻한다. 반려견에게 중요한 자원(애정, 먹을 것, 필요에 따라 상호 작용이 이루어지는 놀이, 쉴 곳, 다른 물건이나 장소에 접근할 수 있는 자유로움 등)은 인간이 개입하면 손쉽게 통제할 수 있다. 반려견에게는 인간의 서열이 상대적으로 높고, 인간에게 모든 것에 대한 결정권이 있다는 사실을 알려 주어야 한다.

강력한 리더십이 반려견에게 부담을 주지는 않는다. 오히려 유능한 지도자에게 훈련을 받으면 긴장이 완화될 수 있다. 이때 전제 조건은 견주가 훌륭한 지도자로서의 역할을 수행해야 한다는 것이다. 훌륭한 지도자는 자신감, 언행일치, 상대에 대한 존중, 의사소통 능력을 갖춘 사람이다. 이는 반려견이 보더라도 같다.

* 권력은 사회에서도 하향성이 아닌 상향성이다. 지도자에 대한 추종자들의 인정이 부족하면, 지도자는 지속적인 폭력이나 강압적인 통제로 권력을 유지한다. 그렇게 되면 지도자에 반대하는 상황도 닥치게 된다. 따라서 지도자는 지지층을 인정해야만 집단을 효율적이고 무탈하게 이끌 수 있다.

서열 규칙은 개들 사이에서 벌어지는 거친 갈등을 피하고자 규정된 것이다. 흔히 사회적 지위가 가장 높은 개체를 '우월하다'고 표현한다. 하지만 유감스럽게도 '우월'이라는 단어는 잘못 해석하거나 잘못 사용하는 경우가 많다. '우월'이란 두 개체가 맺는 관계에서 어느 한쪽이 자원에 대해 주도적인 통제를 발휘하는 것을 말한다. 즉, 모든 순간에 적용할 수 있는 것이 아니다.

서열의 강도와 우월은 긴밀한 관계다. 여기서 한 가지 주목할 점이 있다. 갈등을 비롯한 많은 상황에서 평정심과 태연함을 유지하던 반려견도 아주 가끔은 서열을 증명하고자 공격적인 반응을 보인다는 사실이다.

즉, 개들 사이에서 싸움을 일으키는 개는 반드시 우월하거나 서열이 높은 것은 아니다. 그보다는 사회적으로 불안정한 개체라고 볼 수 있다.

반려견에게는 무엇이 필요할까?

반려견 용품 시장에서는 많은 제품이 반려견에게 필요하다고 홍보하지만, 사실 반려견을 키우는 데 필요한 물품은 단순하다. 반려견의 행복을 위해서는 비싼 물건이 필요하지 않다. 그보다는 공동체 내에서 사회적 교류를 맺고, 도구나 장난감 취급을 당하는 것이 아니라 고유한 개체로 존중받는 것이 중요하다.

반려견의 사회성을 키우려면 다른 품종의 태도와 행동 특성을 꾸준히 학습시켜야 한다. 이를 위해서는 어린 강아지를 다른 개의 무리에서 지내본 적 있는 개와 접촉하게 하는 것이 좋다.

▶ 어린이와 개 사이에는 의사소통의 부재나 오해 때문에 사고가 일어날 수 있다.

견주는 사회적인 요건 외에도 특정 품종을 대하는 태도를 갖추고, 반려견이 기본 욕구를 충족할 수 있도록 보살펴야 한다.

이때 기본적인 먹을 것과 식수, 안전하게 쉴 수 있는 장소, 아플 때 치료받을 수 있는 장소를 마련해 주는 것이 가장 중요하다.

이 밖에도 반려견의 기본 욕구 충족을 위해서는 몇 가지 원칙과 규정을 고려해야 한다. 독일에서는 반려견의 욕구 충족을 위한 다양한 법적 의무가 존재한다. 한 예로, 2011년부터는 국제표준화기구 마이크로칩을 이식해 EU 반려동물 여권에 기록이 남아 있는 반려견에 한해서만 동반 해외여행이 가능하다.

* 반려동물에 이식한 마이크로칩은 국내외로 이동하는 동물의 신원 파악을 분명하게 해 준다. 칩은 특수 주사로 동물의 왼쪽 목덜미 피부 아래에 삽입한다.

몇몇 주(State)에서는 모든, 또는 특정 품종의 견주에게 부가 의무, 부과금, 교배 제한을 위한 특별 의무를 적용하고 있다.

편안하게 있을 곳

공간만 넉넉하다면 마당이 없는 도심의 아파트나 협소한 빌라에 산다 하더라도 반려견의 기본 욕구를 충족시킬 수 있다.

이것보다 더 큰 문제는 반려견이 혼자 있을 때다. 대부분 견주는 반려견이 얼마간 혼자 있어도 된다고 생각하지만, 이는 중요한 문제를 간과하는 것이다. 반려견이 혼자 지내는 동안에는 견주에 대한 신뢰가 있어야 한다. 무리 지어 행동하는 동물에게 '혼자 있기'는 편안한 상태가 아니다. 특히 일 때문에 반려견과 함께 다닐 수 없는 견주라면, 반려견이 혼자 있을 때 할 수 있는 행동을 예측해야 한다. 온종일 일하느라 집을 비우는 사람이라면, 매우 신중하게 고민한 후 반려견을 들여야 한다. 이러한 견주와 함께 생활하는 반려견은 하루 중 사회적 접촉을 할 수 있는 시간이 얼마 안 되기 때문이다.

한정된 공간에서 반려견을 키워야 하는 상황도 문제가 될 수 있다. 이때는 잠자리 외에도 '혼자 있기'에 신경을 써서 반려견이 안정을 느낄 수 있게 해야 한다. 반려견은 종족 특성상 홀로 가둔 상태에서 키워서는 안 된다. 집이나 공간에서 분리해 키우는 경우에도 마찬가지다. 반려견은 사회적인 집단에 속한 동물이므로 날마다 4시간 이상씩 분리되어 생활해야 하는 훈련은 신중하게 이루어져야 한다. 그렇더라도 견주의 직업이 절대적인 문제가 될 수는 없다. 장시간 동안 반려견과 떨어져 지내야 하는 견주가 선택할 수 있는 대안이 많기 때문이다.

▶ 도시에서 생활하는 반려견은 다양한 유혹을 뿌리쳐야 한다.

충분한 시간과 비용

반려견을 제대로 양육하기 위해서는 많은 시간이 필요하다. 정신 건강과 몸의 건강 모두에 신경을 써야 하기 때문이다. 반려견에게는 생활 공간에서 가족과 긴밀한 관계를 형성하는 것은 물론, 외출도 중요하다. 산책하면서 다른 개들과 만나거나 냄새를 맡을 수 있기 때문이다.

개체마다 필요한 운동량이 다르다. 따라서 적당한 산책에 대한 뚜렷한 기준을 세우기가 어렵다. 반려견이 건강하다면 왕성한 운동량과 장거리 산책을 걱정하기보다, 그 반대의 경우를 우려해야 할 것이다.

기본적으로 반려견은 달리기를 좋아한다. 몸집이 작은 견종도 마찬가지다. 반려견과 산책하는 것은 운동 욕구를 충족시키면서 훈련할 좋은 기회다. 반려견에게는 정신적인 활동 역시 중요하지만, 양육 과정에서 이 점에 주의를 기울이는 경우는 많지 않다. "안 쓰면 녹슨다."라는 속담처럼, 반려견에게도 정신과 몸을 조화롭게 움직이는 활동이 꼭 필요하다. 지루함은 삶의 질을 크게 떨어뜨리기 때문이다.

Tip 반려견의 건강을 위해서는 매일 최소 2시간씩 산책해야 한다. 또한 매일 최소 세 번(또는 그보다 자주)은 마음껏 뛰어놀 수 있게 해 주어야 한다.

* 반려견을 마당에서 마음껏 뛰어놀게 두는 것이 곧 산책은 아니다. 반려견만 내버려 둔다면 더욱 문제가 될 수 있다. 반려견은 순식간에 마당 곳곳에 익숙해져서 낯선 냄새를 맡을 겨를이 별로 없다. 이 때문에 지루함을 느껴서 울타리 밖을 지나는 사람을 향해 짖는다거나, 화단을 파헤치는 등 나쁜 습관이 생기는 것이다.

- **비용**: 다음은 독일에서 반려견을 키울 때 필요한 비용을 도표화한 것이다. 수치는 평균값으로 개별 차가 있을 수 있다. 지역마다 비용(니더작센에서 요구하는 일반 상식 증명 교육 및 시험 비용, 노르트라인베스트팔렌에서 요구하는 견주 자격 교육비, 반려견 목줄 및 입마개 규정 면제를 위한 시험 비용 등)이 다른 경우도 있으나, 여기에서는 다루지 않았다. 표를 바탕으로 추가 비용을 고려해 반려견 양육 계획을 세워 보자.

독일에서 반려견 양육에 드는 비용의 평균값

항목	비용(단위: 유로)
반려견 분양	0~2,500
첫해에 드는 재료비	
잠자리	25~250
자동차 사고에 대비하는 장치(안전장치)	35~1,000
물통, 사료통	5~80
리드 줄	10~100
목걸이, 가슴 줄	20~200
장난감	5~100
세금과 보험(연 단위)	
반려견 세금	0~800
책임 보험	50~500
반려견 학교	
강아지 코스	30~400
유년기 코스(6개월)	30~600
고급 과정, 스포츠	30~1,200
예방 의학 및 의약 공급(연 단위)	
예방 접종	40~90
구충제	20~60
외부 기생충 예방(구충제)	30~80
일반 진료	15~75
아플 경우	30~2,500
사료(일 단위)	
작은 견종	대략 1
큰 견종	대략 3~5

Tip 반려견을 위한 통장을 만들고 매달 조금씩이라도 저축하는 것이 좋다. 예상 밖의 지출이 생길 때를 대비할 수 있기 때문이다.

견주가 선택할 수 있는 훈련의 종류는 매우 다양하므로, 큰 고민 없이 적당한 방법을 찾으면 된다. 반려견 스포츠(민첩성, 복종, 도그 댄스 등) 외에도 사냥 놀이, 묘기 훈련(재미있는 운동과 기술 학습), 흔적 수색, 목표물 탐색, 모자 놀이 등이 있다.

개의 후각은 상당히 뛰어나다. 개는 냄새를 통해 주변 정보를 수집한다. 특히 개는 다른 개의 배설물 냄새에 관심을 보인다. 분비물에서 풍기는 특정한 냄새로 개의 정보를 알 수 있기 때문이다. 인간에게는 개들이 상대의 엉덩이나 생식기에 코를 대는 것이 다소 '예의 없는' 행동으로 보일지 모른다. 하지만 개들에게는 종족 특성으로 말미암은 정상적인 행동이다.

▶ 반려견을 다룰 때(↑리드 줄을 맬 때)는 스트레스를 주지 않아야 한다.

훈련에 필요한 도구

반려견을 훈련할 때 사용하는 도구는 매우 다양하다. 다음 표를 보면서 도구들에 관해 자세히 살펴보자.

훈련에 사용하는 도구

리드 줄과 목걸이	
리드 줄	재질에 따라 가격과 품질이 다르다. 리드 줄이 길수록 통제력은 떨어지고, 짧을수록 구속력은 더 해진다.
목걸이, 하네스	폭이 넓고 푹신할수록 착용감이 좋다. 발광하거나 반짝이는 재질의 목걸이는 어두울 때 안전을 지켜 준다.
차량용 안전띠, 이동장	안전 관련 품질 보증(기술 관리)을 받은 제품인지 확인한다.
조임식 목걸이(초크 체인), 압박식 하네스, 어깨 아래를 압박하는 줄	반려견에게 고통과 불편을 주므로 동물 복지에 어긋나는 제품이다.
젠틀 리더	올바르게 사용했을 때는 반려견에게 고통을 주지 않으면서 수월하게 행동을 조절할 수 있으나, 습관화가 필요한 제품이다.
잠자리, 밥 먹는 곳	
방해를 받지 않는 잠자리	반려견이 가족과 함께라는 사실을 느끼면서 휴식을 취할 곳을 고른다. 반려견이 누워 있는 자리에서 다른 가족이나 동물의 감시나 방해를 받는다면 그곳은 잠자리로 활용할 수 없다.
이동장	반려견은 이동장 사용을 통해 혼자 지내는 것과 집을 깨끗하게 유지하는 것을 배울 수 있다. 견주는 반려견과 함께 자동차를 타거나 휴가를 보낼 때 사용할 수 있다. 이동장에는 편안한 쿠션과 반려견이 좋아하는 장난감을 넣어 두는 것이 좋다. 필요하다면 마실 물도 준비한다.
밥 먹는 곳	물은 항상 마시기 쉬운 곳에 둔다. 공으로 하는 놀이나 소일거리 등을 할 때 사료를 꼭 그릇에 담아 줄 필요는 없다. '혼자 있기' 훈련을 할 때도 활용할 수 있다. 나아가 사료는 보상으로도 중요하게 활용할 수 있다.

부차적인 강화물과 신호 발생기	
클리커	매우 바람직한 부차적 강화 도구다. 처음에는 사료나 놀이를 이용해 훈련한다.
훈련용 원반	처음부터 부정적 강화물로 한정해 사용해야 한다. 특정 행동을 금지하기 위한 훈련에서 사용해야만 효과가 있다. **주의:** 부적절하게 사용하면 불확실한 환경에서 오는 두려움을 느낄 수도 있다.
호루라기	호출음으로 훈련할 수 있다. 다양한 도구와 음색이 가능하지만, 저항심을 유발하지 않는 맑은 소리를 이용하면 더욱 쉽게 훈련할 수 있다.
장난감	
공	반려견이 물기에 적절한 재질로 되어 있는지 살펴야 한다. 놀이에는 바람을 불어 넣는 공이 적합하다.
로프	반려견의 구강 건강에 유익하다.
삑삑 장난감	고장이 자주 나므로 라텍스 재질로 된 것이 좋다. 반려견이 점점 흥분하는 상황에서는 적절하지 않다.
딱딱한 고무 인형, 모조품, 아령	'가져와' 훈련 및 게임에 적절하다. 재질에 따라 물에서도 사용할 수 있다.
막대기	쉽게 구할 수 있는 도구다. 하지만 이빨 손상은 물론 발이나 목에 상처가 날 수 있으므로 적합하지 않다.
헌 옷	당기기, 흔들기, 찾아오기 훈련에 활용할 수 있다. 사냥 놀이로도 바꿔 할 수 있다.
상자	마음껏 물어뜯게 하거나 놀 때 적절한 도구다. 먹을 것을 채워 넣으면 급식 볼로 가지고 놀게 할 수 있다.
돌	장난감으로는 적합하지 않다. 반려견의 이빨을 다치게 할 수 있을 뿐 아니라, 삼킬 위험도 있다.
간식이 나오는 장난감	'혼자 있기' 훈련에 유용하고, 일상에서도 가지고 놀 수 있다.(예: 공, 상자)

건강 관리와 영양 공급

반려견 관리의 일환으로 건강 상태를 주기적으로 확인하고, 질병이 있다면 바로 치료해야 한다. 그렇다면 견주는 반려견의 어떤 것을 관찰해야 할까? 반려견이 이상 행동을 보이는지, 다리를 절뚝거리는지, 호흡기와 눈에서 분비물이 나오는지, 간지러움이나 잦은 설사로 힘들어하는지, 먹는 양이 평소와 같은지 살펴야 한다. 또한 적어도 일주일에 한 번은 발바닥(뾰족한 나뭇가지가 박힐 수도 있으니 발가락 사이까지), 귀(염증, 과도한 귀지, 속에 털이 자랐는지), 입(치석 상태), 생식기(분비물)도 확인한다.

반려견은 몸이 안 좋더라도 이를 말로 설명할 수 없다. 따라서 견주는 반려견에게 나타나는 다양한 변화를 감지해야 한다. 나아가 반려견의 심장, 척추, 관절, 갑상샘, 소화 기관 및 기타 내장 기관에 문제가 생길 수 있다는 점을 명심해야 한다. 어떤 질병이든 조기 진료가 중요하므로 증상이 나타나면 바로 동물병원에 데려가는 것이 좋다.

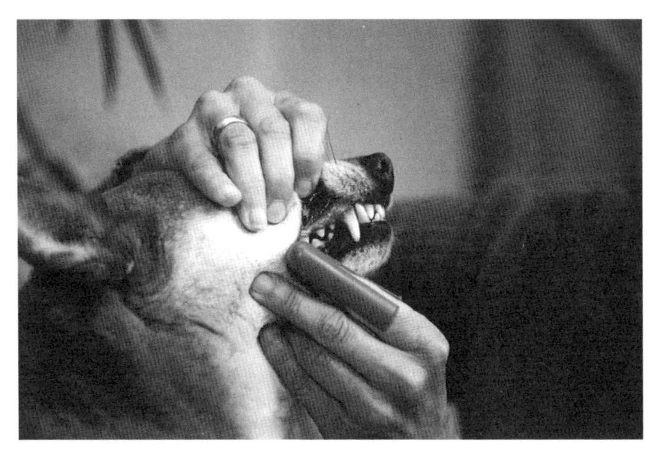

▶ 반려견의 치석은 칫솔질로 예방할 수 있다.

건강 관리

* 털 때문에 앞이 안 보이는 개는 다른 개보다 더욱 겁이 많을 수도 있다. 이 때문에 장기적으로는 불안과 두려움을 느끼고, 공격적 태도로 문제를 일으킬 수 있다.

* 강아지, 체구가 작은 품종, 체온을 잴 때 거칠게 구는 개, 임신 중인 암컷 개, 흥분도가 높은 개는 어느 경우에든 상대적으로 체온이 높다.

보통 때는 물론, 미용할 때도 이상 증상이 있는지 살펴야 한다. 특히 부어오름, 상처, 발진, 탈모, 비듬, 기생충 여부를 주의 깊게 살핀다. 피부에 공기가 충분히 통하지 않는 장모종의 경우에는 악취와 염증이 생기기 쉬우므로, 털이 엉키지 않게 해 준다. 이미 털이 많이 뭉친 상태라면 뭉친 부분만 잘라 빗질을 수월하게 한다. 눈에 털이 들어가거나 털이 눈 앞을 가려서도 안 된다. 털이 각막을 지속해서 자극해 눈에 염증이 생기기 때문이다. 이러한 문제를 쉽게 해결하려면 털을 잘라 손질하거나 묶으면 된다.

규칙적인 목욕이 반려견의 건강을 지켜 주지는 않는다. 오히려 필요할 때마다 목욕해야 피부가 더 건강해지기도 한다.

피부 이상이 있는 반려견이라면 수의사가 권하는 전용 샴푸로 씻긴다. 사람이 쓰는 샴푸로는 반려견의 피부와 털을 좋은 상태로 관리하거나 유지할 수 없다.

일반적인 성견은 항문을 통해 체온을 측정하면 38~38.8℃ 정도 나온다. 39.3℃ 이상일 때는 열이 난다고 판단한다. 반려견이 평소와 다르게 행동해 건강이 우려된다면 체온을 측정해 보는 것이 좋다. 열이 난다면 몸에 이상이 있는 것이 분명하다. 열이 없는데도 계속 이상 행동을 보인다면 좀 더 지켜보다가 수의사에게 도움을 청한다. 병에 걸렸다고 반드시 열이 나는 것은 아니기 때문이다.

체온을 측정할 때는 반려견의 직장이 있는 곳까지 체온계의 금속 부분을 삽입한 다음 일정 시간을 그대로 있어야 한다. 좀 더 원활하게 삽입하려면 체온계 끝에 윤활유를 바른다. 이렇게 하면 체온을 재는 과정에서 반려견이 불편함을 덜 느낄 수 있다.

Tip 반려견을 입양하면 가능한 한 빨리 수의사에게 데려가는 것이 좋다. 독일의 경우 기본 검사를 거친 반려견은 EU에서 발급하는 반려동물 여권을 받게 된다. 이를 통해 다음 예방 접종과 마이크로칩 이식 여부를 확인할 수 있다. 반려견이 태어난 곳과 가장 최근에 구충제를 투여한 날짜가 분명하지 않다면 수의사는 즉시 필요한 조치를 하게 된다.

반려견의 건강을 지키려면 규칙적으로 예방 접종을 하거나 매년 건강 검진을 받아야 한다. 조금이라도 어릴 때 수의사에게 데려가는 것이 이후 건강 관리를 위해 좋다. 강아지가 수의사와 동물 병원에 익숙해지면 이후 검진할 때 스트레스가 덜한 상태에서 수월하게 진료를 받을 수 있다.

수의사의 입장에서도 강아지와 친해지면 진료가 한결 편하고, 병의 위중함과 상태를 더욱 정확히 판단할 수 있다. 수의사 협회에서는 반려견의 건강 관리를 위해 홍역, 간염, 파보 바이러스, 렙토스피라증,[2] 광견병 예방 주사를 정기적으로 맞힐 것을 권한다. 수의사의 소견에 따라 기관지염, 보렐리오제 및 다른 질병에 대한 예방 접종도 이루어질 수 있다.[3]

기생충을 방지하려면 수의사와 상담한 후 매년 2~4차례 구충 치료를 받는 것이 좋다. 나아가 벼룩, 진드기, 그 밖에 체내에 침입할 수 있는 다른 기생충의 방지·치료에 대해 수의사에게 조언을 구한다.

동반 여행을 계획하고 있다면 여행 중에 반려견이 걸릴 수 있는 질병(리슈만 편모충, 아나플라스마,[4] 바베시아 감염증,[5] 심장 사상충 등)에 대비해야 한다. 가능한 한 빨리 예방 조처를 하

2) 렙토스피라균 감염으로 발생하는 급성 열성 전신성 질환이다. 사람과 동물 모두에게 감염될 수 있다.

3) 한국에서는 홍역, 간염, 파보 바이러스, 코로나 장염, 기관지염, 광견병에 대한 기본 예방 접종이 이루어진다.-역주

4) 진드기 때문에 생기는 감염이다. 적혈구가 파괴되는 증상이 나타난다.

5) 바베시아라는 원충이 적혈구를 파괴하면서 빈혈 등의 증상이 나타난다.

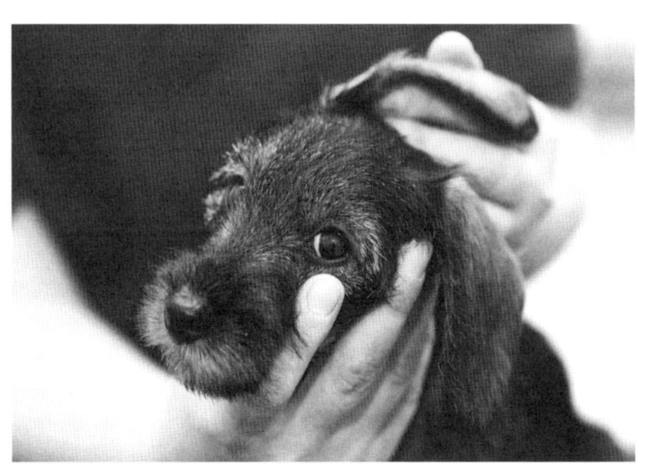

▶ 반려견의 귀, 이빨, 발바닥을 잘 관리해 주어야 한다. 그래야 수월하게 수의사의 진료를 받을 수 있다.

기 위해 수의사와 상담한다. 출입 국가에서 의무로 요구하는 예방 주사 접종도 완료해야 한다. 여행지에 따라 길게는 6개월 이상 준비 기간이 필요하므로, 여행을 계획할 때 주의를 기울이자.

흔한 질병

Tip 하루나 이틀이라 하더라도 격렬한 구토와 설사로 탈수를 일으킨 반려견은 체내 수분 부족으로 목숨을 잃을 수도 있다. 따라서 설사나 구토를 대수롭지 않게 여겨서는 안 된다. 또한 반려견이 이상 행동(예: 격렬하게 긁는 행동, 공격적인 태도, 초조하고 기운 없음, 변덕스러움)을 보이면 병원에 문의해 보자. 평소와 다른 행동을 하는 데는 원인이 있게 마련이다.

- 개는 발을 자주 베인다. 발이 베이면 치료를 받아야 하고, 상처가 심각하면 수술해야 한다. 발톱도 자주 문제를 일으킨다.
- 개는 대부분 구토와 설사를 경험한다. 구토와 설사 증상보다는 그로 말미암아 체내 수분이 정상 범위 이상으로 배출되는 것이 문제다. 반려견이 구토나 설사 증상을 보이면 주의 깊게 관찰하고, 충분한 수분을 공급해 준다. 이때는 미지근한 물을 조금씩 자주 먹이는 것이 좋다. 반려견이 물을 거부하거나 마신 직후 다시 뱉는다면 즉시 수의사에게 데려가자.
- 복부 팽창은 개의 목숨을 위협할 수도 있는 심각한 증상이다. 위가 비틀려서 위장의 입구와 출구, 혈관이 꼬이면 즉시 수술해야 한다. 흉부가 두껍고 몸집이 큰 품종일수록 복부 팽창 증상을 보이기 쉽다. 반려견이 한꺼번에 지나치게 많은 양의 사료를 먹지 않는지, 먹은 후 소란을 피우지 않는지 잘 살펴본다.
- 치석 때문에 구취가 생기는 경우도 많다. 치석은 병원 치료를 통해 제거하면 된다.

영양 공급

반려견에게 필요한 영양 공급량과 실제 영양 공급량은 같아야 한다. 반려견은 건강하면 몸무게의 변화가 없으므로 반려견의 몸무게에 늘 신경을 쓰도록 하자. 대부분 반려견은 자기 몸무게에 적당하고 몸에 좋은 양을 넘어, 지나치게 많은 양의 사료를 먹는다. 가장 이상적인 영양 공급량은 반려견이 민첩한 몸을 유지할 수 있을 정도의 양이다. 가공 처리를 거친 사료를 줄 때는 영양분이 고르게 공급될 수 있도록 한다. 필요에 따라 전용 사료(예: 생후 1~3개월의 강아지, 성견, 노령견, 다이어트용, 고열량 섭취용, 알레르기 체질 전용 등)를 줄 수도 있다. 가공된 사료가 아니라 손수 먹을 것을 만들거나 날것 그대로를 주려면 정기적으로 수의사와 상담해 영양분이 고르게 분배되도록 한다. 그래야만 반려견은 성장에 따라 달리 필요한 영양분을 섭취해 영양실조에 걸리지 않는다.

충분한 양의 물은 반려견이 쉽게 마실 수 있는 곳에 둔다. 반려견은 헐떡이는 행동으로 다량의 체액을 내보내기 때문이다. 반려견은 사람처럼 몸 전체에서 땀이 나지 않으므로 수분 섭취로 체온을 조절해야 한다. 또한 반려견은 정해진 시간에 사료를 먹지 않으므로 훈련의 일부나 보상으로 사료를 주는 것도 좋다. 이 방법을 적절히 활용하면 반려견은 시간을 낭비하지 않고 일상을 체계적으로 보낼 수 있다.

▶ 훈련할 때 보상으로 주는 간식의 양도 일일 영양 공급량에 포함해야 한다.

교미

암컷 개는 보통 1년에 두 차례 발정한다. 발정은 평균적으로 3주간 지속된다. 암컷이 발정하면 질 부위가 부어오르고 생리를 시작한다. 질에서는 투명한 분비물이 나오는데, 여기에는 수컷을 유혹하는 호르몬이 들어 있다. 암컷은 발정 초기에는 수컷이 가까이 오는 것을 피하며 교미를 허락하지 않는다. 임신은 발정 11~13일 사이에 가능하다. 물론 이보다 더 일찍 임신이 되기도 하고, 3일 이상 임신이 가능한 시기가 지속될 때도 있다. 보통 이 시기를 '발정기'라고 한다. 이 시기에 암컷은 자신만의 노하우로 수컷을 유혹하고, 교미를 위해 접근을 허락한다.

교미는 5~30분 동안 진행된다. 이때 시간이 더 지나 수컷이 암컷의 몸에서 내려오더라도 둘을 떼어 놓으려 해서는 안 된다. 수컷과 암컷의 생식기는 이후에도 어느 정도 연결되어 있기 때문이다.

교미하던 개들은 수컷의 발기한 생식기가 가라앉은 다음에야 떨어진다. 견주가 원하지 않던 교미라 해도, 두 개가 완전히 떨어질 때까지 기다려야 한다. 이후 암컷의 임신 여부와 호르몬 주사를 통한 낙태 판단을 위해 수의사에게 상담을 받도록 한다.

* 교미 중인 개들을 억지로 떼어 놓으려 하다가는 개들이 심하게 다칠 수도 있다.

사춘기

사춘기에 들어서면서 수컷의 생식 능력은 100% 완성된다. 몸집이 작은 품종의 수컷은 생후 5개월이면 성적으로 성숙한다. 수컷의 다리 들기는 사춘기에 들어섰는지를 쉽게 판단할 수 있는 신호다. 물론 그 이전에 생식 능력을 갖추는 수컷도 있고, 선천적인 기형으로 사춘기가 되어도 다리를 들지 못하는 수컷도 있다. 암컷은 첫 발정 이후부터 사춘기가 시작되었다고 본다. 대개 생후 7~11개월 사이에 첫 발정이 온다. 당연히 이 기간

▶ 마킹은 의사소통의 수단이다.

에는 임신할 수 있다.

그렇더라도 암컷이 새끼를 돌볼 만큼 충분히 성숙하지 않았고 사회적으로도 불완전한 상태이므로, 이 시기의 임신은 권장하지 않는다.

새끼를 원하지 않는다면

암컷 반려견의 임신을 원하지 않는다면 발정 기간에 주의를 기울여야 한다. 수컷과 암컷은 생각지도 못한 방법을 동원해 서로를 만나려 하기 때문이다.

이러한 상황을 막기 위해 중성화 수술로 생식 능력을 제거할 수도 있다. 수컷은 고환, 암컷은 자궁과 난소를 없애는 것이다. 간혹 호르몬 요법으로 암컷의 발정을 억누르기도 한다. 하지만 여기에는 심각한 부작용이 뒤따른다. 수컷 역시 호르몬으로 발정을 제어할 수 있다. 수컷을 대상으로 하는 호르몬 요법의 부작용은 비교적 예측이 쉽고 피해도 적다. 그렇더라도 각각의 방법이 지니는 장단점을 제대로 설명해 주는 수의사와 상담하는 것이 좋다.

학습과 훈련의 기초

반려견이 사람들과 어울려 지내려면 훈련이 필요하다. 하지만 반려견을 훈련하는 과정에서 환경은 물론, 다른 다양한 요소로 말미암아 문제가 생길 수 있다. 사람들과 함께 있을 때와 혼자 있을 때의 태도가 다른 반려견에게는 기본적인 복종, 문제를 일으킬 수 있는 사고 예방부터 가르치는 것이 바람직하다. 이 두 가지에 대한 훈련을 마치고 규칙을 인지하는 반려견이라면 때와 장소를 가리지 않고 마음 편히 데리고 다닐 수 있다. 제대로 된 훈련을 받은 반려견 역시 한결 풍요로운 일상을 누릴 수 있다.

복종 훈련에 필요한 기본 사항

- 견주에게 집중하기
- 리드 줄을 따라 움직이기
- 칭찬하는 말에 익숙해지기
- 중지 신호(수정 신호)
- 소환 신호('이리 와')
- '앉아', '누워' 훈련
- 물었던 물건을 바로 내려놓기
- '기다려'
- 사람을 향해 뛰어오르거나 공격하지 않기

앞에서 열거한 기본적인 복종 훈련 외에도 위험 예방, 안전 관리 등을 통해 더욱 수월하게 반려견의 행동을 통제하거나 관리할 수 있다. 이와 같은 훈련은 이 책의 2장과 3장을 활용해 조금씩 강화할 수 있다.

▶ 소환 신호('이리 와')가 제 기능을 다 하는 상황에서는 이런 일이 생기지 않는다.

학습 행동

학습은 환경 조건에 대한 선택적 반응이다. 반려견이 학습 내용을 단기간 내에 습득해 건강하고 안정된 생활을 영위하는 모습을 보고자 한다면, 더욱 체계적으로 훈련 계획을 세워 보자. 성공과 보상 원리에 따른 계획이라면 반려견은 더없이 착실한 모습을 보일 것이다. 훈련 계획을 꾸준히 실행하면 단기간 내에 큰 성과를 거둘 수 있다. 또한 지루한 반려견을 달래 줄 놀이로 훈련을 활용할 수도 있다. 견주와 반려견이 훈련에 집중한다면 지루한 일상을 타파하는 데 도움이 된다.

개나 사람이나, 무언가를 배울 때의 태도에는 별반 차이가 없다. 둘은 체격 구조, 생체 리듬과 규칙, 학습 내용에 대한 기억력도 비슷하다. 개는 우선순위를 빨리 파악하고, 가능한 한 많은 성과(야단은 덜 맞고, 더 많은 것을 얻으려고 하는)를 거두려는 성향이 있다. 다만, 언어가 아니라 프로그래밍이 된 행동과 그로 말미암은 결과를 통해 학습한다는 점에서 차이를 보인다. 견주는 반려견의 학습이 훈련 과정 중에는 물론, 일상에서도 계속된다는 사실을 염두에 두어야 한다. 반려견은 견주의 반응에 따라 다양한 행동을 보이므로, 일상에서 반려견이 보이는 반응에 집중하자.

학습 방식

오늘날 견주들은 학습 진행에 따라 나타나는 생물학적 프로세스에 대해 박학하다. 따라서 보통 다 그렇게 한다는 생각으로 훈련을 시작하지 말아야 한다는 사실을 잘 알고 있다. 모든 반려견에게 같은 학습 방법을 적용하기보다는 노련한 훈련사에게 훈련을 맡겨 최근 이루어지는 학습 방법에 따라 지도하도록 하는 것도 좋은 방법이다.

이론적 배경과 생물학적 법칙에 따라 구성된 훈련 커리큘럼으로는 반려견의 몸에 무리를 주지 않고 효율적으로 훈련을 진행할 수 있다. 지금부터 주요 학습 방식에 관해 살펴보자.

관찰과 모방을 통한 학습

개는 다른 개의 행동을 흉내 내는 방식으로 다양한 행동을 학습한다. 이는 강아지일 때도 마찬가지다. 생후 1년 이내의 강아지는 모견의 행동을 모방하고, 처음 닥치는 상황에서 모견의 행동을 자동으로 학습해 그와 비슷한 행동 양상을 보인다. 다른 개의 행동을 모방하면서 학습할 때의 장단점은 다음과 같다.

▶ 기본 위치(125쪽 참조) 모방은 모방하는 쪽과 본보기 모두에게 도움이 되는 훈련이다.

- **장점**: 뛰어난 본보기가 있다면, 자연스럽게 그 태도와 행동을 학습하게 된다. 어떤 문제가 닥쳤을 때, 모방을 통한 학습으로 잘 해결할 수도 있다. 모방 학습 능력에는 개별 차가 있다.

* 모방 학습은 집단 훈련에서도 빛을 발할 수 있다. 하지만 이 방법은 아직 훈련을 더 받아야 하는 어린 반려견과 그보다 앞서 나가는 반려견이 친밀하게 어울리는 무리에만 적용할 수 있다.

- **단점**: 모방의 대상인 개가 좋지 않은 행동을 보인다면 주의해야 한다. 특히 사냥으로 발전되는 행동을 모방하면 위험할 수 있다. 다른 취미 활동에서도 견주와 반려견이 중시하는 생각이나 의도는 다를 수 있다. 신호 결합(83쪽 참조)은 단순한 모방으로 학습하기가 쉽지 않다. 학습 성과를 갈고 닦으려면 부단한 노력이 필요하다.

습관화와 감작(感作)[6]

6) 어떠한 자극에 대한 반응성이 높아지는 것

습관화와 감작은 정반대의 개념이다. 반려견은 어떠한 결과 없이 편안하기만 한 자극에는 더는 주의를 기울이지 않는다. 이런 과정이 '습관화(적응)'다. 한 예로 자동차 소음에 익숙해지는 것을 들 수 있다. 소음이 있는 환경에서 특별히 긍정적이거나 부정적인 결과가 생기지 않는다면, 반려견은 소음에 신경 쓰지 않게 된다.

개가 스트레스를 심하게 받는 환경에서 낯선 상황과 자극을 만나면 감작이 쉽게 형성된다. 감작 상태의 개는 스트레스 요인으로 신경이 곤두선 상태여서 새로운 자극을 받으면 보통 때보다 더욱 예민하게 군다. 반려견이 안전한 공간이 아닌 곳에서 자극을 받으면 마음이 불편해서 감작 상태에 처할 가능성이 커지고, 자극을 부정적인 것으로 인식하게 된다. 이 때문에 이후 스트레스를 받거나 잠재된 불안과 스트레스를 해소하지 못하는 경우가 생긴다. 예컨대, 조용한 환경에서 생활하다가 난생처음 교통 소음이 심한 거리에 나온 반려견은 부정적인 반응을 보인

▶ 반려견이 중지 신호를 학습한 다음, 적절하게 행동해 보상을 받고 있다.

다. 여기서 또 다른 부정적 자극으로 작용하는 상황(예: 처음으로 목줄을 하게 된 상황, 리드 줄로 이끌리는 상황)에 직면하면 대부분 감작이 발생한다.

따라서 반려견이 낯선 상황에 놓이면 습관화가 이루어질 수 있도록 하고, 될 수 있으면 감작은 발생하지 않게 한다. 부정적인 결과로 이어지는 행동은 교정이나 완화가 어렵기 때문이다.

도구적 조건 부여

훈련할 때 자주 사용하는 방식은 칭찬과 처벌, 즉 '강화' 활용을 기반으로 한다. 강화 방식은 성공과 실패에 대한 반려견의 판단에 따라 결정된다. 이 결과에 따라 앞으로 특정 행동을 자주, 또는 드물게 하게 된다. 강화 활동은 동기 부여를 위해 이루어진다.

* 도구적 조건 부여를 통해 학습한 반려견은 자신의 성공에 도움이 되는 행동이 무엇인지 알게 된다.

* 도구적 조건 부여

긍정적 보상: 좋은 것을 받는다.

부정적 보상: 거슬리는 것이 없어진다.
DYNAMIT

긍정적 처벌: 거슬리는 것이 생긴다.
DYNAMIT

부정적 처벌: 좋은 것이 없어진다.

4가지 강화 방식을 살펴보도록 하자.

1. 좋은 보상을 준다.
예: 맛있는 간식을 준다.
반려견이 느끼는 감정: 기쁨

2. 거슬리는 것을 제거한다.
예: 목걸이를 느슨하게 해 준다.
반려견이 느끼는 감정: 편안함

3. 거슬리게 만든다.
예: 리드 줄을 세게 당긴다.
반려견이 느끼는 감정: 두려움이나 괴로움

4. 좋은 것을 빼앗는다.
예: 무관심
반려견이 느끼는 감정: 좌절

훈련을 설계할 때는 4번 방식을 간접적으로 활용하면서 일반적으로 1번 방식을 사용한다. 반려견(그리고 대개는 견주 역시)이 기분 좋고 수월하게 학습하는 방법이기 때문이다. 반려견은 두려움을 느끼지 않으면서 어떤 것이 손실인지 배울 수 있다.

훈련 중에는 다음을 고려해야 한다.

- 1번 강화 방식(좋은 보상을 준다)은 반려견의 목표 행동과 연계해 활용한다면 매우 유용한 방법이다. 예를 들어 보자. 반려견이 다른 개들과 친밀하게 놀고 있다. 이 상황에서 견주가 반려견을 부르면 '의무(이리 와)'와 '즐거움(계속 놀기)'이 상충한다. 이때 반려견이 호출 신호 훈련을 받을 때

Tip '무시하기'는 반려견 스스로 보상을 얻을 수 없을 때만 성과를 거두는 방법이다. 사냥처럼 반려견 스스로 보상을 얻을 수 있을 때는 이미 그 행동 자체가 강화 방식이다. 그러한 행동으로 기분이 좋아지기 때문이다. 사냥의 즐거움을 일깨우기 위해 장난감을 이용할 필요는 없다. 사냥 본능을 조금만 자극하더라도 반려견에게는 엄청나게 효과적인 행동 강화제로 작용할 수 있다.
2, 3번(거슬리는 것을 제거하거나 만들기)을 적용하면 반드시 간접 학습을 하게 된다. 거슬리거나 금지된 행동을 했을 때 편안함을 빼앗고 불편한 상황에 놓이게 한다든지, 원하지 않는 행동을 했을 때 벌주는 것 등이 여기에 해당한다. 얼핏 듣기에는 후자의 방법으로 더 빨리 성공을 거둘 수 있는 것처럼 들리겠지만, 이때는 외부 스트레스가 발생한다. 이로 말미암아 대개는 학습 성과가 떨어지고, 애착 행동이 강화될 수 있다는 점을 명심한다.

의 기억과 함께 중요한 보상을 떠올린다면, 즐거움보다 의무를 먼저 선택할 것이다.

- 어떤 행동을 중단시켜야 할 때도 있다. 이럴 때는 4번(좋은 것을 빼앗는다)을 적용하면 된다. 좋은 것을 빼앗는 행위는 반려견을 무시하거나(무관심), 반려견이 실제로 원하는 것을 없애는 것일 수 있다. 반려견은 이로 말미암은 좌절감을 원하지 않으므로, 곧바로 행동을 수정한다. 상황 통제를 통해 실수할 만한 근본적인 원인을 줄여 반려견이 더 나은 사고를 할 수 있게 한다면 더욱 도움이 된다. 반려견이 착한 행동을 하면 거듭 보상을 주어야 한다(1번). 한 가지 예를 들어 보자. 견주가 집에 들어가자 반려견이 뛰어오른다. 하지만 견주는 반려견에게 일절 눈길을 주지 않고 목석처럼 서 있는다. 이때 반려견이 지나치게 크고 힘이 세다면 다시 집 밖으로 나간다. 이 순간 반려견은 자신의 잘못을 깨닫는다. 반려견이 행동을 멈추고 조용해지자('앉아' 명령이 없었다면 금상첨화) 견주는 다시 반려견에게 관심을 준다. 이를 통해 반려견은 뛰어오르는 행동으로는 아무런 보상을 얻을 수 없지만, 차분한 태도는 인정받는다는 사실을 배우게 된다.

적용 규칙과 강화 방법의 정서적 관련성

* 강화 방법의 강도는 감정을 통제할 수 있는 수단이다.

타이밍의 규칙: 강화가 빨리 시작될수록 학습 효과는 오래 지속된다. 행동과 보상 사이의 이상적인 시간 간격은 0.5~1.5초다.

일관성의 규칙: 강화의 신뢰성이 높을수록 반려견은 안전하다고 느낀다. 회피 성향의 강화에서는 스트레스가 감소한다.

▶ 견주가 한 손에 먹이를 들고 주의 집중 훈련을 하고 있다.

선택한 강화 방법은 목표로 삼은 수준에 이를 때까지 반복 적용해 적절한 행동을 끌어내야 한다(수천 번은 시도해야 한다!).

강도의 규칙: 강화 방법의 강도는 반려견의 개별 성향과 상황을 고려해 조절해야 한다.

고전적 조건 부여

앞서 설명한 도구적 조건 부여 외에도, 원하는 학습 효과를 얻기 위한 상황을 제시하는 방식도 있다. 이 방식을 통해 반려견은 연관된 두 가지 상황에 대한 반사 행동을 학습하게 된다. 이를 '고전적 조건 부여'라고 한다.

> **Tip** 원하지 않는 행동을 효과적으로 방지하려면, 중립적 관리를 통해 특정 상황이나 그와 비슷한 상황을 예방해서 목표로 삼은 학습 성과를 이루도록 해야 한다.

먼저 반려견에게 친숙하면서도 행동 동기가 되는 자극을 제시하고, 시간 간격을 짧게 해(0.5초가 이상적이다) 학습해야 하는 상황을 제시한다. 이를 통해 반려견은 반사 행동을 유발하는 상황을 배우게 된다. 고전적 조건 부여의 가장 유명한 예로는 '파블로프의 개'를 들 수 있다. 훈련 중인 개에게 일정 시간 동안 특정한 소리를 들려준 다음, 먹을 것을 준다. 같은 상황을 여러 번 반복하면 개는 먹을 것이 앞에 없는 상황에서도 특정한 소리를 들으면 침을 흘린다. 특정한 소리가 반사 행동(침 흘리기)을 유발하는 계기가 된 것이다.

고전적 조건 부여는 문제 행동을 방지할 때도 활용할 수 있다. 반려견이 자전거를 타고 지나가는 사람에게 달려든다고 생각해 보자. 자전거가 지나갈 때마다 반려견에게 간식을 준다면, 반려견은 자전거와 맛있는 간식을 일련의 관계가 있는 사건으로 연결 지어 생각하게 된다.

따라서 반려견은 자전거가 지나가면 간식을 먹을 수 있다는 기대에 부풀어 견주를 쳐다본다.

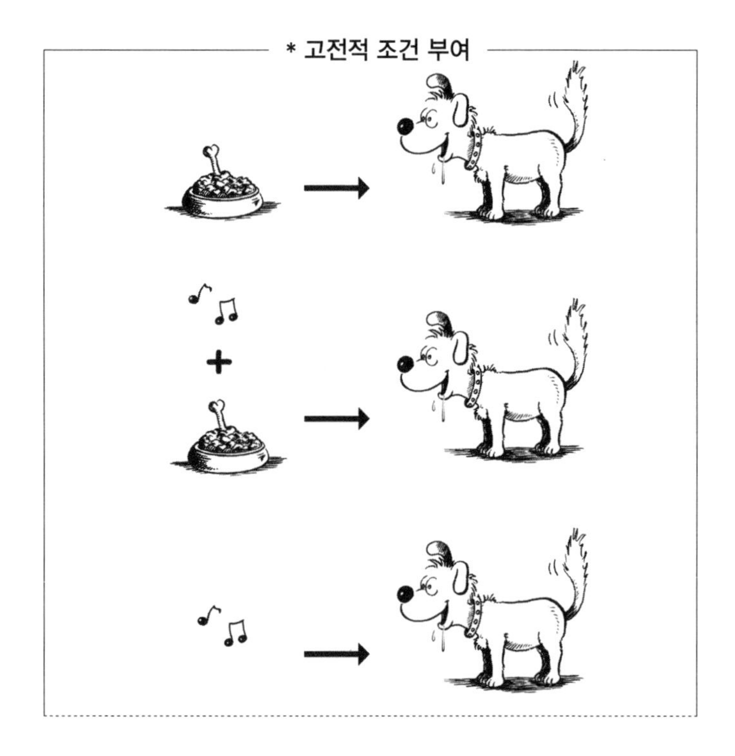

Tip 감정은 반사적인 결과(다시 말해, 반사 작용으로 통제)가 아니다. 하지만 감정적으로 고양된 학습 효과를 원한다거나 또 다른 감정 연계를 위한 자극을 주고자 한다면, 감정에 대한 고전적 조건 부여 방식이 매우 효과적이다. 그뿐만 아니라 생각할 필요 없이 '자동으로' 학습할 수 있는 내용에는 고전적 조건 부여 방식을 적용하는 것이 좋다.

타이밍과 정서적 관련성

앞서 이야기한 두 가지 훈련 방식(고전적·도구적 조건 부여)에서 주의할 점은 상황별로 적절한 타이밍, 그리고 학습 결과가 나타나는 행동이나 연관된 자극에 대해 반려견이 느끼기 쉬운 긍정적인 감정이다.

다음은 반려견이 긍정적인 감정을 느끼는 항목들이다.

- 먹을 것(맛있는 간식이나 사료 공급량 일부)

- 장난감, 견주와 함께하는 놀이
  주의: 놀이를 통해 일상에서는 경험할 수 없는 스릴을 느낄 수 있도록 해야 한다.

- 견주의 관심
  주의: 견주에 대한 반려견의 관심과 복종은 긍정적으로 받아들인다. 하지만 훈련 상황에서나 보상의 일환으로 반려견이 견주에게 접촉하려는 행동은 거부하도록 규칙으로 정한다.

학습 규칙과 연관된 기억 보강

타이밍은 최대 1초 간격으로 벌어지는 별개의 사건 두 가지 사이에만 적용할 수 있다. 이것은 타이밍에서 가장 중요한 원칙이다. 이는 칭찬이나 처벌을 할 때도 비슷한 간격으로 적용할 수 있다. 타이밍 설정이 잘못되면 엉뚱한 연관 관계를 도출하게 된다. 칭찬이나 보상은 반려견이 보인 행동의 결과로 이루어져야 한다.

벌주기: 학습에 적용할 수 있는 범위는 매우 좁다. 반려견에

게 벌을 준다고 해도, 학습 목표로 삼은 행동이 무엇인지 가르쳐 줄 수는 없기 때문이다. 고작해야 피해야 할 행동이 무엇인지 알게 되는 정도다. 벌주기로는 반려견을 더 똑똑하고 고분고분하게 만들 수 없다. 이러한 결과를 피하려면 반려견이 자신이 받는 벌을 이해할 수 있는지 확인해야 한다. 그리고 벌을 줄 때는 상황에 맞게 내용과 강도를 조절해야 한다. 이때 반려견이 불안을 느끼고, 공격적인 행동도 할 수 있다는 점을 고려한다.

> **Tip** 먹을 것이나 놀이, 대화 등은 동기 부여나 보상의 수단이 될 수 있다. 하지만 반려견이 영구적으로, 또는 손쉽게 취할 수 있는 것이라면 그 가치는 사라진다.

고전적 조건 부여에서는 학습을 위해 부여하는 자극 때문에 무조건적인 자극이 수반될 수 있다. 이를 예측 가능성이라고 한다. 예측 가능성이 높으면 학습을 효율적으로 진행할 수 있다. 그렇지 않으면 학습 성과는 내용의 저장이나 삭제 사이에서 다양하게 나타난다.

클리커를 사용한 훈련

클리커는 '딸깍(클릭)' 소리가 나는 훈련 도구다. 대개는 클리커를 긍정적 강화 도구(두 번째 강화 도구)로 활용한다. 견주는 훈련 중 간단한 연습을 통해 반려견에게 소리의 의미를 알려준다(예: 클릭 소리=맛있는 것). 클릭 소리는 곧바로 맛있는 것을 주겠다는 굳은 약속이다. 이 소리를 들은 반려견은 "옳지! 잘했어! 바로 그거야! 다시 한번 해 봐! 그럼 맛있는 것을 줄게!"라고 이해한다.

훈련을 받는 반려견에게 정확한 타이밍에 주요 강화 도구(예: 먹을 것)를 주는 것이 불편하거나, 어렵거나, 불가능한 상황에서는 클리커로 타이밍을 맞출 수 있다.

▶ 눈 마주치기처럼 집중력이 필요한 훈련에서는 클리커가 특히 효과적이다.

클리커 사용하기: 반려견이 적절한 행동을 할 때마다 클릭 소리를 낼 수 있다. 이때 중요한 것은 목표 행동, 다시 말해서 클릭 소리를 수반하는 상세한 행동이다. 목표 행동을 제대로 해낸 반려견은 클릭 소리와 함께 보상이 주어진다는 사실을 이미 알고 있다. 따라서 소리를 들은 다음에는 마음 편히 기다린다. 클리커 훈련은 먼 거리에서도 가능하다.

여기서 끝일까? 그렇지 않다! 훈련할 때 클리커를 사용하면 더 많은 장점을 누릴 수 있다. 클리커는 다른 훈련 방법(예: 즉흥성 억제 강화, 자유로운 방식의 훈련, 목표 훈련 등)에 흥미로운 변화를 줄 수도 있다.

신호 구조

대부분 견주는 반려견을 훈련할 때 언어를 신호로 사용한다. 이때 반려견이 견주의 언어보다는 몸짓 언어를 통해 더욱 수월하게 정보를 받아들인다는 점을 기억해야 한다. 반려견과의 성공적인 의사소통을 위해서는 이 점을 충분히 고려해야 한다.

언어를 통한 신호를 보낸 직후 몸짓 언어를 통한 신호(기호, 움직임)를 보낼 때는 신호 구조를 확인해야 한다. 두 가지 신호가 겹치는 현상이 발생하기 때문이다. 반려견은 상대적으로 이해하기 쉬운 몸짓 언어에 집중해서 언어를 통해 이루어지는 명령은 못 들을 수도 있다.

일반화

어디서든 훈련할 수 있으려면, 훈련 성과를 일반화해야 한다. 반려견은 훈련 상황과 명령을 점차 분리함으로써 시간과 공간에 구애받지 않고 상황에 따른 목표 행동을 수행할 수 있게 된다. 하지만 이는 목표 행동의 훈련이 다양한 장소에서 이루어졌을 때만 가능하다. 일반화는 고전적 조건 부여보다 도구적 조건 부여 훈련에서 더욱 중요하다. 훈련 중 일반화를 위해서는 주변 상황에 대한 주의를 환기하는 차원에서 공간을 바꿔 보는 것도 좋다. 반려견이 이후의 행동과 연관 지을 수 있도록 자세와 지시는 상세히 다루어야 한다. 훈련 내용에 아무런 의미가 없다면 일반화 역시 무효가 되어 버린다. 체계적인 일반화 훈련(훈련 내용의 점진적 증가)은 반려견에게 안정감을 준다.

명쾌한 일반화 훈련에 필요한 규칙

요구 조건: 반려견이 훈련 내용을 제대로 이해하고, 집중하는 태도로 시각적 신호나 음성을 통한 명령을 선별적으로 이해해야 한다.

집중하기: 다른 반려견의 등장, 어스름, 강풍 소리 등 언뜻 보기에는 일상적이지만 반려견에게는 그렇지 않을 수 있는 상황에 주의하자! 일반화를 고려한다면 이 모든 요인에 대해서는 더욱 광범위한 주의 환기가 필요하다.

차근차근: 세부적인 내용을 하나씩 일반화하는 것부터 시작한다. 일반화가 이루어졌다면 반려견은 어느 상황에서든 실패하는 일 없이 요구를 수행할 것이다.

작은 걸음부터 시작하기: 가장 필요한 훈련은 뒤로 미루고, 보상의 질을 점차 업그레이드한다. 그런 다음 여러 차례 반복하면서 훈련 성과를 조금씩 높여 본다. 이러한 원리를 적용하면서 때에 따라서는 필요한 보조 수단을 동원해 점진적으로 성공 가능성을 높인다.

명심할 것: 반려견은 몸짓 언어를 통한 신호를 쉽게 이해한다. 무의식적으로나 주의를 기울이지 않고 신호를 보내면 의사소통 과정에서 오해가 생길 수 있다.

> **Tip** 언어를 통한 신호를 사용해 훈련을 할때는 선택한 단어를 가능한 한 천천히 적용하는 것이 좋다. 그래야 과거 훈련 과정에서 벌어진 실수(예: 주저하거나 부적절한 행동)를 근절할 수 있다. 반려견의 입장에서는 학습한 행동이나 이미 훈련받은 내용을 명령어와 연관 지을 좋은 기회다. 이를 통해 앞으로는 문제의 신호 앞에서 실수를 저지를 확률이 줄어 든다.

문제가 되는 행동

대부분 견주는 반려견과 함께 생활하는 것이 생각처럼 원활하지 않으면 반려견에게 책임을 전가한다. 하지만 때에 따라 반려견에게도 그럴 만한 이유가 있다. 실제로는 견주의 통제가 미숙해서일 수도 있다. 지금부터 문제가 되는 행동에 관해 알아보도록 하자.

1. 문제가 되는 행동이란, 행동을 평가하는 주체(대개 견주나 가까이에 있는 인물)가 바람직하지 않다고 간주하는 특정 행동이다. 하지만 그러한 행동이 반려견의 입장에서는 지극히 정상일 때도 많다. 이럴 때는 목표가 뚜렷한 훈련을 수행할 수 있다. 한 예로, 견주가 먹을 것을 줄 때 견주의 손가락을 깨무는 행동을 들 수 있다.

2. 문제가 되는 행동이란, 지켜보는 주변인 다수(가족이나 다른 사람)가 문제로 인식하는 특정 행동이다. 따라서 문제 행동은 집단의 가치관과 문화, 종교, 법적 정의를 포함한 적용 기준에 따라 판단할 수 있다. 반려견의 행동은 특정 자

극에 따른 것이므로 상황에 따라 판단 기준이 달라질 수 있다. 반려견은 개별적 동기, 현재의 감정 상태, 그리고 이미 정상으로 기억된 학습 경험(같은 상황에서 여러 사람이 보이는 행동)에 따라 행동한다.

반려견과 견주가 근심 없이 공존하려면 문제 행동을 치료해야 한다. 잠재적 원인에 따라 적절한 치료법을 통해 문제 행동의 학습을 무효로 하거나 완화해서 통제할 수 있다. 휴식

▶ 두 반려견은 지나치게 가까이에서 서로를 지나가야 한다. 따라서 위 상황은 바람직하지 않다.

하려는 개가 방해된다고 판단하면 위협적으로 사람을 물거나 쫓는 등의 상황이 여기에 해당한다.

3. 행동 장애는 임상학적 양상이다. 행동 장애인지를 알아보려면 수의사의 판단으로 문제 행동을 일으키는 원인을 명확히 밝혀야 한다. 행동 장애로 나타나는 행동은 에소그램(개를 비롯한 모든 동물이 보이는 행동 요소와 관습을 목록화한 것)에 포함되지 않는다.
훈련 내용이나 견주의 잘못된 통제 때문에 반려견이 문제 행동을 보이는 것은 아니다. 문제 행동에는 반드시 임상학적 원인이 있다. 원인에 따라 문제 해결을 목적으로 하는 치료법이 실패로 돌아갈 수도 있다.
예를 들어, 수건으로 발바닥을 닦아 주려는 견주에게 갑자기 반려견이 공격적인 태도를 보인다고 하자. 이럴 때는 평상시에 발을 닦아 주는 습관을 들이면 된다.

* 행동 장애는 비교적 드물게 나타난다. 하지만 바람직하지 않은 행동이나 문제 행동은 집이나 공공장소에서 자주 발생한다.

다음은 반려견에게 자주 나타나는 문제 행동이다. 반려견이 다음과 같은 행동을 보인다면, 전문가의 도움을 받아야 한다.

Tip 문제 행동을 보이는 반려견을 판단할 때는 상세한 분석이 필요하다. 이를 위해 견주와 수의사는 문제가 발생한 이력과 발전 과정, 반려견의 행동(또는 필요할 경우 문제 상황)에 대한 정확한 평가, 그리고 전반적인 임상적 진단 등에 대한 정보를 놓고 자세히 대화를 나누어야 한다.

사람과 다른 개, 사물에 대한 불안

많은 반려견은 친숙한 환경에서 견주나 다른 개들과 친밀한 관계를 유지하면서 살아간다. 하지만 반려견은 평소와는 다른 환경에서 낯선 사람이나 개를 만나면 원인을 알 수 없는 불안을 느낀다. 심지어 공포를 느끼기도 한다. 가장 일반적인 원인은 사회화와 습관화가 부족하기 때문이다. 즉, 어린 시절에 다양한 사람과 환경을 지속해서 겪지 못해서다. 다른 요인(예: 임상학적 질병) 외에도 문제가 발생했을 때 겪은 부정적 경험 역시 영향을 미칠 수 있다.

분리 불안

집단생활을 하는 동물인 개는 분리 불안을 흔하게 겪는다. 많은 반려견은 혼자 남겨졌을 때 두려움이나 공포를 느낀다. 이 때문에 짧은 시간, 또는 간격이 짧은 공간적 분리에서도 심각한 초조함, 짖기, 울기, 낑낑대기, 물건 부수기, 집에 들어가기, 구토 등 분리 불안 스트레스로 말미암은 행동을 보인다. 무엇보다 분리 불안에 큰 영향을 미치는 것은 경험 부족, 집중 치료가 필요한 질병, 트라우마로 남은 경험(예: 사회 집단 상실) 등이다. 분리 불안을 겪는 반려견은 대부분 견주에게 붙어 있고, 의존적으로 행동한다. 반려견이 느끼는 공황과 고통을 치료해 주지 않으면, 동물 보호 차원에서 큰 문제가 될 수 있다.

Tip 두려움을 지속해서, 또는 자주 느끼는 반려견에게는 빨리 도움을 주어야 한다. 반려견이 두려움을 느끼는 상황에서 받는 고통은 대부분 공격성의 원인이 되기 때문이다. 따라서 어느 경우에든 반려견이 불안 행동을 하면 치료가 필요하다.

소음과 뇌우에 대한 불안

반려견은 흔히 총성, 교통 소음, 열기구, 소음이 심한 가전, 날벌레가 윙윙대는 소리, 뇌우 등에 대해 불안이나 공포를 느낀다. 보통 특정 소음 때문에 발생한 문제가 점차 커진다. 반려견은 어떠한 상황에서 우연히 두려움을 느끼고, 특정 장소나 사람, 상황을 피하고 싶어 한다. 반려견이 뇌우에 불안을 느끼는 이유는 소음과 기압 변화 때문이다. 이로 말미암아 소음을 그다지 두려워하지 않던 반려견도 불안을 느낄 수 있다.

사람이나 다른 개를 향한 공격성

반려견이 다른 사람이나 개에게 공격적인 태도를 보이는 것은 사소한 문제가 아니다. 무엇보다 공격적인 태도를 보이는 반려견은 사회에서 환영받지 못한다. 반려견의 공격적인 태도는 무는 정도에 따라 매우 위험할 수 있다. 이때는 예비 안전장치(리드 줄, 입마개)를 사용해야 한다. 반려견의 공격성 때문에 문제가 자주 발생하면 전문가의 정확한 위험 평가가 이루

* 개가 으르렁대거나 이빨을 보이는 행동은 '긍정적'으로 여길 수 있다. 위협적인 행동을 하는 개는 행동을 예상하기가 쉬워서 안전하기 때문이다.

▶ 개는 다양한 이유로 공격적인 태도를 보인다.

어져야 한다. 진단 결과가 나오면 문제 해결 여부와 방법을 결정한다.

위험을 예방하려면 반려견에게 가까이 다가가 위협하거나, 반려견의 행동을 질책하지 말아야 한다. 물론 그렇다고 해서 그러한 행동을 받아들이거나, 반려견의 문제를 내버려 두어서도 안 된다. 반려견의 공격성 문제는 원인과 결과를 분명히 파악해야 한다. 이 경우에도 전문 지식을 갖춘 수의사에게 상담받는 것이 좋다. 수의사가 제시한 치료 계획에 따라 전문적인 방식으로 문제를 다루면 대부분 해결할 수 있다.

사냥 행동

예나 지금이나 개는 사냥을 즐기는 포식자다. 교배 목적에 따라 사냥 행동을 강조하는 정도가 다르다. 따라서 개의 사냥 행동은 저마다 다르다. 사냥은 야생 동물을 추적하는 행동만 의미하는 것이 아니다. 냄새나 움직임에 커다란 흥미를 보이는 것 역시 사냥 행동이라고 할 수 있다. 물론 사냥에 대한 욕구는 개체마다 다르다.

사냥 행동은 일상생활에서도 발견할 수 있다. 이를 예방하는 훈련을 한다면 사냥 행동으로 발생하는 문제는 걱정할 필요가 없다. 기존에 사냥 행동을 보였거나 이를 예방하고자 할 때는 행동 치료 요법에 전문성을 갖춘 수의사나 훈련사와 상담하는 것이 좋다. 특히 움직임을 자극으로 받아들이는 반려견은 뛰어다니는 아이들, 조깅이나 자전거를 즐기는 사람, 달리는 자동차 등과 같이 일상적인 자극에도 위험한 행동을 보일 수 있으므로, 더욱 중요하게 고려해야 한다.

그 밖의 문제 행동

문제 행동은 매우 다양해서 문제마다 별개로 다루어야 할 정도다. 따라서 여기서는 몇 가지 요점만을 강조하기로 한다.

주의: 반려견이 배변 훈련, 자동차를 타는 것, 성적 행동, 사료 섭취나 앞서 언급한 문제 행동 중 정형화된 행동을 보이면 행동 치료 요법에 전문성을 갖춘 수의사와 상담해야 한다. 반려견의 문제 행동을 치료하는 것은 견주에게도 도움이 된다.

- 훈련에 문제가 있다면(반려견이 복종하지 않거나 기본적인 명령을 습득하지 못하는 것 외에 다른 문제 행동은 보이지 않을 때), 현대적이고 체계적인 훈련을 받았으며, 친절하고 능력 있는 훈련사가 필요하다.

- 문제 행동을 교정해야 한다면 훈련이나 치료에 앞서 임상학적 진단이 이루어져야 하고, 필요하면 적절한 치료를 병행해야 한다. 고통과 질병으로 말미암아 우발적으로 문제 행동이 발전하기 때문이다. 행동 요법에 관한 전문 지식을 갖춘 수의사와 상담해 보자. 주치의에게 문의하면 적절한 동료 수의사를 소개해 줄 수도 있다.

반려견과 관련된 법

반려견을 키우고 다루는 것과 관련한 규제, 법률, 규율은 다양하다. 견주라면 각각의 법률에 대해 알아보고, 이를 준수할 의무가 있다. 예를 들어 공공장소에 반려견을 데려갔을 때는 공공 예절과 배려, 위험 방지를 위한 규범을 지켜야 한다. 이는 특별한 지식이 없더라도 일반 상식을 갖춘 사람이라면 알 수 있는 내용이다.

일반적 행동 규범

견주는 반려견에 대해 책임을 져야 한다. 반려견이 다른 욕구를 걱정하지 않도록 돌봐야 하고, 사적·공적 장소에서 반려견이 적절하게 행동하도록 해야 한다. 특히 공공장소에서는 실제로 발생하는 피해(예: 뛰어오르기, 넘어뜨리기, 물기) 외에도 다른 견주나 반려견을 데리고 있지 않은 사람들을 대할 때 예의를 지켜야 한다.

- 반려견에 익숙하지 않은 사람들을 배려해야 한다. 이런 사람들은 반려견이 접근하면 불쾌함을 느낄 수도 있기 때문이다. 따라서 사람들을 만날 때는 항상 반려견을 통제해야 한다. 상대방이 원하고 반려견도 적절한 행동을 보일 때만 접촉할 수 있게 한다.

- 이는 다른 반려견을 만난 상황에서도 마찬가지다. 두 견주

는 자신의 반려견을 통제하면서 그대로 지나칠 것인지, 아니면 사교적이고 친근한 태도로 두 반려견을 만나게 할 것인지 판단해야 한다. 이때는 주변 상황을 잘 살펴야 한다. 리드 줄이 묶인 상태에서 놀게 하면 줄이 엉킬 수 있다. 또한 도로 위에서 이런 상황이 벌어지면 매우 위험하다. 하지

▶ 반려견을 아무 데서나 마음껏 뛰어다니게 두어서는 안 된다.

만 자유로이 뛰어놀 수 있는 장소에서 만난 반려견들은 이따금 좋은 친구가 되기도 한다.

> Tip 지역에 따라 일반적으로 용납되는 규율과는 다른 규범이 적용될 수 있다. 거주하는 도시에서 허용되는 범위나 리드 줄 없이 반려견을 데리고 다닐 수 있는 곳을 확인하려면 공공 기관에 문의해야 한다.

다음과 같은 곳에서는 반려견의 안전을 위해서라도 항상 리드 줄로 묶어서 데리고 다닌다.

- 운동장
- 유치원 근처나 유치원 안
- 학교 근처나 학교 안
- 놀이터
- 공공건물
- 식당
- 쇼핑센터
- 농장이나 승마장
- 혼잡한 도로
- 역
- 도심
- 자연 보호 구역이나 휴양지

견주는 반려견의 배설물을 즉시 치워야 한다. 반려견이 배변한 곳이 숲, 초원, 들판, 반려견이 자유롭게 뛰어다니는 곳, 리드 줄에 묶여 다니는 곳, 어디라도 마찬가지다.

반려견의 사냥 욕구를 억누르는 것도 중요하다. 견주는 반려견이 가던 길에서 벗어나 사냥하지 않도록 주의해야 한다. 반려견이 길 위에서 소란을 피우면 야생 동물이 스트레스를 받을 수 있고, 정리가 잘된 밭을 파헤치면 농작물 피해가 생길 수 있다. 따라서 견주는 효과적인 방법으로 이를 방지해야 한다.

위험 예방

니더작센에서 시행 중인 법률의 목적이자, 이 책의 내용이 의도하는 목적은 반려견을 훈육하고 지도해 위험을 방지하는 것이다.

반려견으로 말미암아 위험이 발생할 수 있는 상황은 매우 다양하다. 무엇보다 다른 사람이나 동물과 함께 있는 상황에서 물거나 통제할 수 없는 행동으로 상처를 내는 경우가 가장 위험하다. 이러한 문제는 반려견의 건강(휴식처, 사회적 활동, 몸의 활동, 정신적 활동, 정기 점검 등), 훈련, 통제, 문제 인식을 통해 대부분 예방할 수 있다. 지금부터 위험 예방 수칙에 관해 알아보도록 하자.

개인적 유대감

반려견이 물어서 일어나는 사고는 대부분 사적인 공간에서 발생한다. 가장 자주 피해를 보는 상대는 가족 구성원이나 친구, 이웃이다. 이러한 사고의 원인은 반려견의 요구를 충분히 헤아리지 못했기 때문이다. 견주는 반려견을 가족 구성원으로 대한다. 이는 사회적으로 적응하기 위한 연습의 일환이지만, '낯선' 가족 구성원인 반려견은 인간과는 생물학적으로 다른 존재라는 사실을 간과하면 안 된다. 반려견은 반려견의 시각으로 세상을 바라보므로 인간과는 다른 방식으로 상황을 파악할 수밖에 없다.

위험 예방 수칙 1: 준비 없이 개를 압박하거나 장난감처럼 가지고 놀아서는 안 된다. 개체별로 온순함과 인내심은 기존의 경험에 따라 달라지지만, 유전적 특징도 무시할 수 없다. 모든 개는 저마다의 욕구가 있으므로 이 점을 충분히 고려해야 한다. 여기에는 반려견이 누릴 수 있는 물리적 공간과 건강을 배려하고 존중해 주기를 바라는 욕구도 포함된다.

주의: 개는 자기보다 위에서 급작스럽거나 고통스럽게 다가오는 접촉을 위협으로 인식한다. 스트레스를 받거나 불안을 느낀 개는 공격적인 성향을 보인다.

▶ 반려견이 낯선 사람에게 성가시게 굴지 않도록 해야 한다.

위험 예방 수칙 2: 서열이 낮은 가족 구성원이 반려견에게 강압적인 몸짓을 하거나, 반려견을 체벌하는 것은 피해야 한다. 반려견은 가족 내 서열을 따르지만, 반려견이 생각하는 서열은 인간이 생각하는 것과 다를 수 있기 때문이다. 의사소통할 때 발생하는 문제는 위험 상황을 일으키기 쉽다.
서열은 개체의 종류나 나이, 물리적 폭력을 통해 매길 수 없고, 오로지 지배하는 힘으로 결정된다. 예를 들어 무리를 이끄는 리더는 대부분 통찰력을 발휘해 문제를 해결하고, 폭력을 행사하지 않고도 무리를 이끌 수 있다. 이런 점을 고려하면 갓난아기나 어린이가 반려견보다 서열이 높은 경우는 없다.
주의: 서열이 높다고 위험성이 높은 것은 아니다. 그에 따른 권리와 의무가 달라지는 것이다. 개의 서열을 확인하려면 다른 개를 리드하는 방식과 행동을 살펴야 한다.

위험 예방 수칙 3: 감독자나 관리자 없이 반려견과 아이들만 두어서는 안 된다. 반려견과 아이들은 상대에 대한 지식이나 축적된 경험이 없어서 어울려 다니는 무리 내의 규칙을 적용하려 한다.
주의: 반려견과 아이 모두 자신과 다른 사회적 파트너에게 예의를 갖추는 법을 배워야 한다. 아이의 행동 양상은 어른과 다르므로, 반려견이 이러한 부분에 익숙해지도록 해야 한다. 이는 강아지 때 사회화를 가르치면서 훈련해야 한다.

위험 예방 수칙 4: 반려견을 적절히 보호하면서 불필요한 스트레스를 받지 않도록 해야 한다. 어떠한 종류라도 만성적 스트레스는 반려견에게 좋지 않다. 스트레스를 받은 반려견은 대개 감정적인 반응과 충동성을 보인다. 무는 것에 대한 훈련을 받은 반려견도 위험 상황을 일으킬 수 있다. 이럴 때는 전문가를 통해 건강을 관리해 주어야 한다. 몸의 접촉 피하기, 장시간 깊게 잠들기, 급식이나 배변 행동의 변화, 추위나 더위에 대한 거부 반응 등 반려견의 행동 변화는 눈여겨봐야 한다. 지금까지 얌전하던 반려견이 갑자기 무는 행동을 한다면 고통이나 다른 질병 때문일 수도 있다.

주의: 스트레스를 받거나 몸이 안 좋은 반려견은 인간과는 다른 방법으로 자신의 불쾌감을 전달한다. 따라서 견주는 반려견의 사소한 변화에도 항상 주의를 기울여야 한다. 전문가의 소견을 통해 반려견의 행동에 숨은 동기와 의도를 파악할 수 있다.

위험 예방 수칙 5: 사전 훈련을 통해 앞으로 닥칠 다양한 상황에 대비해야 한다. 반려견은 예상 밖의 결과로 스트레스를 받고, 이로 말미암아 위험 행동을 할 수 있다.

주의: 반려견이 미처 대비하지 않은 상태에서 피할 수 없는 상황에 놓일 때가 있다. 이를 위해 적절한 훈련 방식으로 사전에 대책을 마련해야 한다. 이때는 바람직하지 못한 행동을 방지하는 것이 중요한 목표이므로, 다양한 보조책을 동원해 재발을 막아야 한다.

공공장소

공공장소에는 상당히 다양한 잠재적 위험이 도사리고 있다. 그렇더라도 공공장소에 반려견을 데려가는 것이 생각처럼 힘든 일은 아니다. 학습 능력과 적응력을 키운 반려견은 스트레스가 심해도 유연하게 대처할 수 있다. 물론 각각의 상황에 대한 준비는 꼭 필요하다.

위험 예방 수칙 6: 견주는 통찰력과 명쾌한 지도 능력을 갖추어야 한다. 힘든 상황이 닥치면 그 상황을 피하거나, 반려견에게 필요한 도움을 주어 상황에 대처하게 한다.
주의: 견주는 특정 상황에서 반려견에게 필요한 안전을 보장해 주어야 한다. 문제를 사전에 방지하려면 상황에 맞는 훈련이 이루어져야 한다.

위험 예방 수칙 7: 반려견에게는 탄탄한 기초 훈련이 꼭 필요하다. 견주는 다른 사람에게 손해를 끼치지 않도록 적절한 방식으로 반려견을 훈련해야 한다. 이는 사람뿐 아니라 다른 개나 동물과 접촉하는 상황에서도 마찬가지다. 훈련이 충분히 이루어지지 않았거나 반려견이 지나치게 예민한 상태라면 리드 줄을 놓지 않고 반려견을 주의 깊게 관찰해야 한다.
주의: 주의가 산만해지는 상황에서 이미 훈련받은 내용을 기억하게 하려면 여러 차례의 일반화를 거쳐야 한다. 일반화는 훈련 내용을 실행한 뒤에 연습하도록 한다.

위험 예방 수칙 8: 훈련 수준과 상황의 특수성을 고려해 자유를 허용한다. 리드 줄이 없어도 항상 반려견을 통제할 수 있어야 한다. 이를 위해서는 어느 정도의 훈련이 필요하다.
주의: 특히 부르는 소리에 응하는 훈련을 할 때는 강도를 높여서 어떤 상황에서도 반려견이 유혹을 뿌리치고 오도록 해야 한다. 리드 줄에 묶이지 않았고 아무런 문제가 없는 상황(예: 그저 놀이 삼아 부를 때)이라 하더라도 견주의 명령에 즉시 따르고, 그에 따른 보상을 받도록 한다. 우발적인 상황이 생겼을 때는 리드 줄을 한 번 더 잡아당겨 집중하게 한다.

위험 예방 수칙 9: 반려견이 도로에 있을 때는 항상 안전을 보장해야 한다. 상황을 통제하지 못하면 행인이 다칠 수도 있다. 도심에서 반려견을 데리고 다니거나 반려견을 데리고 교통수단을 탈 때도 통제가 필요하다. 전자의 경우에는 리드 줄이 필수지만, 견주가 반려견을 제대로 이끄는 것이 중요하다. 산만한 상황에서도 반려견의 집중력을 유지하도록 해야 한다. 후자의 경우에는 입마개를 사용해서라도 반려견을 안전하게 옮겨야 한다. 이것은 반드시 지켜야 할 의무다.

주의: 반려견을 차량에 태울 때는 리드 줄, 이동장, 안전띠, 입마개 등 다양한 상황에 적절하게 대처할 방법을 준비해야 한다.

셀프 테스트: 103~107쪽을 보면 중요한 상황 몇 가지와 해결책이 제시되어 있다. 어느 정도 알고 있는지 테스트해 보자.

법규

독일에서는 주마다 공공 안전과 질서 위험을 예방하기 위한 법령을 개별적으로 제정하고 있다. 따라서 반려견 관련 규제가 각각 다를 수도 있다. 반려견을 키울 때 적용되는 법규로는 다음과 같은 것들이 있다.

- 일반 법규
- 동물 보호 법규
- 동물 보호 반려견 관련 법규
- 광견병 관련 법규
- 위험한 반려견 수입 및 후송 규제에 관한 법령. 이와 관련

한 도로 교통 법규

이외에도 반려견 세금 등 지방 자치 법규가 있다. 나아가 견주에게는 형법, 관련 경범죄 규정, 민법이 적용될 수 있다.

법규 요약

법규별 사례를 간략하게 정리하면 다음과 같다.

일반 법규: 독일 연방 법원은 동물 보호법을 제정했다.

동물 보호 법규: 동물의 삶을 보호하기 위한 법이다. 인간은 아무런 이유 없이 동물에게 아픔과 고통을 주거나 상해를 입혀서는 안 된다. 인간은 동물을 적절하게 보호하고, 쉼터나 훈련을 제공해야 한다. 여기에는 치료와 영양 공급, 보호, 운동 등이 포함된다. 반려견의 꼬리를 자르는 것은 꼬리를 잘라야 하는 특정 사냥견을 제외하고는 법률로 금지되어 있다. 이미 꼬리가 잘린 반려견을 반입하거나 키우는 것도 안 된다.

동물 보호 반려견 관련 법규: 반려견을 키울 때 고려해야 하는 다양한 규제를 명시한 법이다. 관련 내용으로는 활동성 보장, 야외와 실내에서의 쉼터, 사회적 접촉을 위한 준비 과정 등이 있다. 반려견의 꼬리를 자르는 것을 금지하는 내용도 포함되어 있다.

공공 안전과 질서 위험을 예방하기 위한 법령: 니더작센에서 최근 시행한 반려견 양육 관련 법규에 따르면, 반려견을 키우려는 사람은 이론과 실습 시험에서 일정 점수 이상을 기록

* 니더작센에서 시행하는 반려견 양육 관련 법규에 따르면, 생후 6개월이 된 반려견에게는 예외 없이 마이크로칩을 이식해야 한다. 또한 견주는 반려견 양육 관련 책임 보험에 가입해야 한다. 이는 니더작센뿐 아니라 다른 주에서도 비슷한 내용으로 제정되어 있다. 물론 반려견의 품종, 순·혼혈 여부, 크기, 무게에 따라 다른 법규가 적용되기도 한다. 반려견을 데리고 여행하거나, 다른 지역으로 이사할 계획이라면 시행 중인 법규의 기준을 항상 확인해야 한다.

해야 한다. 여기에서 키우려는 반려견의 품종과 크기는 아무런 영향을 미치지 않는다.
연방 정부도 공공 안전과 질서 위험을 예방하기 위한 법규를 마련했다. 여기에는 위험한 반려견을 반입하거나 수송할 때 적용되는 법률과 예외 관련 조항이 명시되어 있다. 법적으로 '위험한 반려견'은 핏불 테리어, 아메리칸 스태퍼드셔 테리어, 스태퍼드셔 불 테리어, 불 테리어와 그 밖의 혼종을 말한다. 노르트라인베스트팔렌 같은 일부 주에서는 상황에 따라 특정 품종 양육에 필요한 자격증을 요구하거나, 그에 따른 규제(예: 리드 줄과 입마개 의무)를 정해 놓고 있다.

광견병 관련 법규: 동물 질병 관련 법규와 관련 있는 내용이다. 광견병은 인간에게 매우 위험한 신고 대상 질병이다. 따라서 독일에서 반려견은 광견병 백신을 의무적으로 맞아야 한다. 접종하지 않은 반려견이 아무런 표시 없이 집 밖을 자유로이 다니는 것은 금지되어 있다. 항체가 없는 상태에서 광견병 발병 동물과 접촉했다는 의심이 들면 즉시 사살될 수도 있다. 그렇지 않더라도 포획, 격리 및 수용될 수 있다.

도로 교통법: 여기에는 반려견과 이동할 때 적용할 수 있는 일반적이고 당연한 의무가 해당된다. 그 밖에도 반려견을 차량으로 끌고 가지 말 것, 차량 내부에서는 안전하게 이동시킬 것 등의 규제가 포함된다.

쓰레기 관련 법규: 견주는 반려견의 배설물을 즉시 치워야 한다. 이 법규에서 배설물의 처리 장소는 언급하지 않고 있다.

EU 반려동물 여권: 반려견이 국제표준화기구 마이크로칩(응

답기)을 가지고 있다는 표시가 있다면 EU에서 제공하는 반려동물 여권을 발급받을 수 있다. 여권에는 백신 내력과 추후 접종이 필요한 백신이 기록된다. EU 반려동물 여권은 여행용 여권과 예방 접종 증명서를 대신할 수 있다.

참조: 동물과 함께 탄 비행기가 다른 나라를 경유한다면 경유 국가의 입국 조건 역시 참고해야 한다.

견주의 법적 책임: 견주는 자신의 잘못이 아니더라도, 반려견의 행동으로 발생하는 모든 피해에 대해 책임을 진다. 동물은 예상 밖의 행동으로 위험 상황을 만들 수 있으므로, 주인에게는 엄격한 법적 책임이 따른다. 해당 법규에서는 단순히 반려견을 소유하는 것에서 나아가, 반려견의 몸을 통제하고 견주라면 마땅히 가져야 할 관심과 애정을 강조한다.

어떻게 판단하는 것이 좋을까?

이런 상황에서는 어떻게 해야 할까?

좁은 길을 가다가 사람을 마주치면 반려견을 통제하기가 어렵다. 이럴 때는 행인이 지나갈 때까지 반려견을 오른쪽에 두고 통제하는 것이 좋다. 이렇게 하면 반려견이 행인에게 다가가 그 사람을 불편하게 하거나, 반대로 행인 때문에 반려견이 불편한 상황을 피할 수 있다.

일방적인 애정

반려견을 너무 사랑하는 아이는 자신의 마음을 표현하고 싶어 한다. 하지만 반려견은 혀를 내민 채 고개를 돌리고 있다. 반려견은 아이의 포옹을 서열에 맞지 않는 행동으로 인식한 것이다. 이 때문에 반려견이 공격성을 보이면 아이가 위험해질 수도 있다.

홈, 스위트 홈?

반려견과 아이는 상반된 모습이다. 아이는 반려견을 발로 건드리며 성가시게 하고 있다. 반려견은 이 상황을 즐기고 있지 않다. 부모는 아이에게 동물을 존중해야 한다는 점을 가르쳐 이러한 문제를 해결해야 한다.

사이좋은 삼총사?

방관하면 안 되는 상황이다. 두 마리의 반려견이 소년보다 몇 배는 더 무거워 보인다. 반려견을 안전하게 리드하려면 신체적으로 우월하다는 것을 확인시켜 주어야 한다. 힘의 불균형을 해결하려면 안전한 보조 도구(예: 젠틀리더 같은 종류)를 사용해야 한다. 이는 견주가 성인이어도 마찬가지다.

이 둘, 사이가 좋은 것 같은데?

두 반려견은 상대에게 호감을 느끼고 함께 놀고 싶어 한다. 하지만 리드 줄에 묶인 상태에서는 줄이 엉키면서 불편한 상황이 생길 수 있다. 따라서 견주는 자신의 반려견을 통제해, 서로가 살짝 거리를 두고 지나가도록 해야 한다. 상대 견주가 동의하면 리드 줄을 풀어 주고, 두 반려견이 자유롭게 뛰어놀게 한다.

얌전하게 잘 있네?

반려견은 스트레스와 불안을 표현하고 있다. 이는 견주의 반응(예: 반려견에게 화내는 것)에 대한 답이거나, 위협적으로 느껴지는 신체적 표현에 대한 반응일 수도 있다. 스트레스를 많이 받는 반려견은 집중력과 복종하는 정도가 떨어져 악순환을 일으킬 수 있으므로 주의해야 한다.

2장

기본 훈련은 이렇게 해 보자

초보자를 위한 기초 훈련

2장에서는 반려견의 기초 훈련에 관해 알아보도록 하자. 136쪽부터 나오는 훈련 계획 과정을 토대로 훈련 계획을 세우면 된다. 자격증 시험과 연관된 기초 훈련은 반려견 양육과 지도에 관한 전문 지식 중의 하나다. 훈련의 목표는 반려견이 즐겁고 적극적으로 견주를 따르게 하는 것이다. 이러한 기초 훈련은 견주와 반려견이 서로 편안해지는 데 도움을 줄 뿐만 아니라 공공장소에서 위험을 예방할 때도 필요하다.

언어 사용하기

Tip 견주가 반려견에게 적게 얘기할수록, 반려견은 자신에게 중요한 신호를 더 집중해서 받아들일 수 있다.

반려견은 인간의 언어를 쉽게 이해할 수 없다. 하지만 단어의 뜻은 이해할 수 있고, 상황에 따라서는 문장 하나를 통째로 학습할 수도 있다. 훈련할 때 단어는 큰 역할을 차지하지 않는다. 반려견은 행동적 상황을 단어의 소리와 함께 학습해 이를 하나의 개체나 결과로 연결 짓는다. 사람은 훈련할 때 설명 수단으로 언어를 사용하지만 반려견은 그렇지 않다.

반려견 훈련을 더욱 쉽게 이끌어 나가기 위해서는 반려견에게 몇몇 중요한 단어의 뜻을 이해하게 하는 것이 좋다. 이때 중요 단어를 다른 인간의 언어가 뒤섞여 있는 가운데 구분해서 들을 수 있게 하면 훨씬 효과적이다. 따라서 모든 신호를 줄 때 같은 단어마다 각각 특색 있는 톤을 사용하는 것이 좋다.

▶ 많은 명령어는 청각적 신호뿐만 아니라 시각적 신호로도 가능하다.

칭찬 훈련의 구성

칭찬은 반려견을 즐겁게 하는 신호다. 반려견의 의사소통에는 "참 잘했어요."와 같은 칭찬의 표현이 없으므로 특별한 칭찬 훈련이 필요하다.

* 칭찬은 짧은 강화 도구와 같다. 즉, 반려견에게 꼭 필요한 것은 아니다. 반려견은 먼저 그 의미를 배워야 한다.

예를 들어 '그거야, 잘했어, 멋져, 좋아, 훌륭해'와 같은 칭찬의 의미는 고전적 조건 부여 훈련을 통해 학습할 수 있다(77쪽 참조). 칭찬의 구성은 클리커 구성 요건과 비슷하다(81쪽 참조). 칭찬할 때는 상냥한 톤으로 말하고, 바로 맛있는 간식을 주도록 하자. 이런 과정을 15번 정도 반복한다.

이처럼 칭찬 훈련이 구성되었다면, 일상생활과 훈련에서 긍정적인 강화 도구로 사용할 수 있다. 이 강화 도구(긍정적 보상)는 반려견을 기쁘고 즐겁게 해 주어야 한다.

훈련을 구성할 때는 다음 두 가지 사항을 명심해야 한다. 첫째, 반복적으로 사용할 선 강화 도구(예: 사료)는 반려견에게 가치 있고 중요한 것이어야 한다. 그리고 칭찬에 대한 반복 훈련

> **Tip** 칭찬 훈련을 할 때는 목소리 크기를 조절해야 한다. 공공장소 등에서 작은 소리로 칭찬해야 하는 경우도 있기 때문이다. 반려견은 이 연결 훈련을 통해서 견주가 어떻게 즐거워하고, 견주의 칭찬이 어떤 의미인지 배우게 된다. 또한 칭찬 훈련을 할 때는 언어를 제한해서 사용하고, 훈련 중에는 가능한 한 반려견을 만지지 않도록 한다. 반려견이 신체적인 위협으로 인식할 수 있기 때문이다.

은 충분히 자주 이루어져야 한다. 이것은 칭찬의 긍정적인 영향을 상쇄시키지 않기 위해서 훈련뿐 아니라 일상생활에서도 중요하다. 훈련을 구성할 때는 물론, 훈련 중에도 장기간에 걸쳐(아니면 가능한 한 자주) 살짝 시차를 두고 선 강화 도구를 사용한 후에 칭찬해 보자. 이와 같은 방식이 계속되면 칭찬의 영향력은 점점 커진다. 하지만 이 상황이 너무 자주 발생하면 칭찬의 영향력이 다시 작아진다.

둘째, 선 강화 도구 없이 평소에 칭찬을 자주 한다면 몇 주에 걸쳐 칭찬 훈련을 반복해야 한다. 반려견은 견주의 감정을 해석하는 법을 빨리 배운다. 견주의 좋은 기분이나 행복한 웃음은 반려견에게 편안한 감정을 전해 준다. 이 부분도 칭찬 훈련의 구성에 사용해 보자. 무엇보다도 기분이 좋을 때 훈련해 보자. 반려견에게 상을 주고 싶을 때, 반려견을 통해 견주가 얼마나 큰 기쁨을 받는지 전해 주자. 반려견은 분명히 그것을 알아차릴 것이다.

칭찬과 클리커의 차이점

칭찬은 클리커보다 영향력이 크지 않다. 언어로 내리는 명령어는 일관적이지 않기 때문이다. 목소리는 기분이나 다른 상황(예: 감기) 등으로 변할 수 있다. 더구나 여러 사람이 반려견을 훈련하면, 반려견은 다양한 목소리에 적응해야 한다. 따라서 칭찬은 클리커를 사용하는 것만큼 효과가 있지는 않다. 그런데도 칭찬 훈련은 보편적으로 사용할 수 있다는 점에서 의미가 있다. 또한 말로 칭찬하는 것은 반려견과 견주 사이의 유대감을 형성하는 데도 도움을 준다.

시선 교환 훈련

반려견이 견주를 쳐다볼 때 견주에게 집중하도록 하는 것은 간단하게 훈련할 수 있다. 반려견과 시선을 주고받으면 반려견이 견주를 생각하고 있다는 것을 알 수 있다. 이는 매우 중요한 정보다. 반려견이 자기 의지로 견주에게 집중하려는 것이기 때문이다. 반려견이 견주를 바라보는 시선은 팀, 즉 강한 관계적 특성을 보인다. 또한 시선 교환은 훈련의 신호로 쉽게 읽을 수 있다. 반려견이 견주를 쳐다보면 신호를 더 쉽게 읽을 수 있기 때문이다.

▶ 훈련할 때 집중력과 주의력은 중요한 전제 조건이다.

마지막으로 시선 교환의 장점은 반려견이 견주를 쳐다보는 동안에는 불필요한 행동을 할 수 없다는 것이다. 시선 교환은 유혹이 많은 상황에서 반려견을 통제하며 안내할 때 굉장히 중요한 요소다. 반려견이 더 재미있는 것에 집중할 때는 리드 줄을 잡고 안내하는 것이 어렵기 때문이다.

시선 교환 훈련은 명령어의 유무에 따라 두 가지 방식이 있다. 두 방식 모두 중요하지만 목표는 각각 다르다. 명령어가 없는 훈련은 반려견이 사람에게 집중할 수 있도록 기본적으로 준비된 상황인지를 본다. 이 훈련은 가장 중요한 기본적인 연습이다.

명령어가 있는 훈련은 반려견에게 신호에 대한 반응을 가르친다. 사람에 대한 복종 훈련을 통해 명령어로 집중하게 만드는 것이다. 이는 매우 유용한 훈련이지만 실제로 일상생활에 적용하려면 깔끔한 훈련 구성과 강도 있는 연습이 필요하다. 신호를 주면서 다른 훈련을 시행했을 때 명령에 따르지 않으면 훈련이 성공적으로 이루어지지 않은 것이다. 반려견이 견주의 신호에 반응하지 않는 것은 다른 무언가가 더 흥미롭기 때문이다. 훈련되지 않은 반려견은 더 흥미를 느끼는 것에 집중을 하거나 견주가 전혀 원하지 않는 행동을 한다. 이는 견주가 반려견을 완전히 통제하고 있지 않다는 의미다.

명령어가 없는 시선 교환 훈련의 구성

이 훈련은 다음 사항을 따르기만 하면 잘못될 일이 거의 없다. 먼저 반려견을 리드 줄로 이끌어 안내하며 80cm 정도만 움직일 수 있는 공간을 준다. 리드 줄은 목걸이나 하네스에 연결해 빠지지 않도록 잡고 있어야 한다. 그다음에는 가만히 서서 반려견을 곁눈질로 관찰하자. 타이밍이 중요하므로 손에 간식을 쥐고 하면 더 효과적이다. 직접적인 보상의 대안으로 클리커를 사용할 수도 있다. 클리커를 주머니에 넣어 두고 반려견이 당신에게 시선을 돌릴 때까지 기다린 후 시선이 마주치면 바로 그 순간에 간식을 준다. 처음에는 우연이었을지라도 반드시 보상을 주어야 한다. 주변에 얼마나 유혹이 많으냐에 따라 걸리는 시간이 달라지겠지만, 반려견은 다시 당신에게 시선을 돌릴 것이다. 반려견이 어떤 행동을 해야 할지에 대한 어떤 신호도 주지 않은 상태이므로 오랜 시간이 걸리는 것은 반려견의 잘못이 아니다. 이때는 반려견의 자유 의지로 훈련이 이루어져야 한다. 첫 훈련 과정에서 주어진 보상 가치가 높을수록 반려견은 더 자주 시선을 교환하려 할 것이다. 처음에는 반려견이 시선을 교환할 때마다 보상해 주자. 그러면 반려견은 당신과 시선을 교환할 때마다 보상을 받는다고 확신할 것이다.

Tip 훈련 초반에는 반려견이 대충 쳐다보거나, 당신의 얼굴이 아닌 간식 주머니에 시선을 둔다고 해도 상관없다. 이것은 나중에 조정할 수 있다. 우선은 당신의 허리 위쪽으로 시선을 줄 때마다 보상해 주는 것이 좋다.

Tip 반려견은 보상으로 주는 간식의 종류에 따라 이어지는 훈련 행동에 의지를 보인다. 따라서 간식은 즉시 동기부여가 될 만큼 확실한 것으로 선택해야 한다.

명령어가 있는 시선 교환 훈련의 구성

이 훈련은 칭찬 훈련과 구조상 비슷하지만 어떤 부분에서는 명확히 다르다. 반려견을 리드 줄로 묶은 상태에서 10~15개 정도의 맛있는 간식을 준비한다. 반려견이 뛰어오르려 하면 발로 줄을 꽉 눌러서 훈련 중에는 뛰어오르지 않도록 한다. 이제 적절한 칭찬을 나중에 그대로 적용할 방식과 톤(예: 동기를 부여하듯이 제안하는 목소리 톤)으로 말해 보자. 그러고는 반려견의 코에 간식을 가져다 댄 후 당신의 얼굴 높이까지 움직여 보자. 반려견은 이 방식에 동기를 부여받아 올바른 훈련 행동을 보여줄 것이다.

첫 훈련 단계에서의 목표는 반려견이 신호가 되는 단어를 어느 정도 기억하게 하는 것이다. 그 후에는 간접적으로 원하는 행동(간식의 움직임에 따라 얼굴과 시선도 움직이는 것)을 이끄는 것이다.

리드 줄로 안내하기

반려견을 줄로 묶고 안내하는 것은 리드 줄을 헐겁게 하고 편안히 걷는 것을 의미한다. 이때 반려견은 뛸 때와는 다르게 견주 옆에 너무 밀착해서도 안 되고, 고개를 들고 견주를 쳐다보는 것에 집중해서도 안 된다. 이 훈련의 목표는 반려견을 리드 줄로 묶고 함께 걸을 때 반려견이 지그재그로 뛰어다니지 않게 하는 것이다.

▶ 리드 줄을 헐겁게 하고 걷는 훈련은 모든 곳에서 적용할 수 있다.

반려견과 뛰거나 걸을 때는 견주의 성향에 따라 견주와 반려견의 위치와 방향을 정할 수 있다. 반려견은 품종상 크기가 작아도 본능적으로 사람보다 빠르게 걷는다. 또한 반려견은 오른쪽에서 왼쪽으로 흥미를 느끼며 냄새를 맡는다. 따라서 반려견이 걷는 방법을 잘 따르게 하려면 꾸준한 연습이 필요하다.

이 훈련을 할 때는 가로지르는 가이드 링이 있는 하네스나 머리 줄이 필요하다. 이외에도 보조 도구를 사용해 리드 줄의 통제력을 높일 수 있다. 특히 반려견이 머리 줄 착용에 익숙해지는 예비 훈련이 있으면 더 좋다. 머리 줄은 적절하게 잘 사용하면 반려견에게 어떤 고통도 주지 않는다.

Tip 반려견이 견주보다 힘이 세면 안전을 위해서라도 안내 보조 도구가 필요하다. 그런데 이런 도구 중에는 반려견의 허리를 묶는 줄, 겨드랑이에 끼어서 당기는 가슴 줄, 얇은 체인 목걸이, 목을 조르는 목걸이, 뾰족한 스파이크가 달린 목걸이 등 반려견에게 고통을 주어서 효과를 보는 것이 있다. 이런 것들은 동물보호의 기준에 맞지 않으므로 사용해서는 안 된다.

훈련할 때 주의할 점: 반려견에게 보상으로 간식을 줄 때 반려견이 견주의 다리 옆을 벗어나지 않도록 한다. 또한 반려견이 있는 쪽의 손으로 간식을 주어야 한다. 그렇지 않으면 반려견은 견주를 가로질러서 보상을 받으러 가는 것에 익숙해질 수 있다. 이는 산책할 때 방해가 될 것이다.

Tip 반려견을 끌어당길 수 없는 보조 도구를 사용한다면, 견주 옆에서 걷고 있는 반려견에게 보상을 자주 해 주어야 한다.

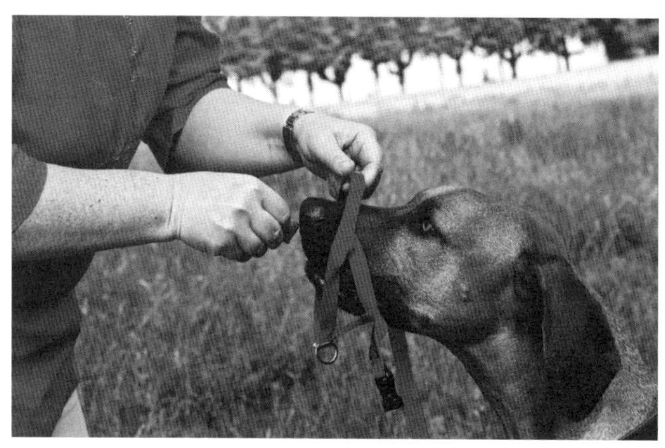

▶ 훈련 중에 간식으로 보상을 주는 것은 훈련 효과를 향상시킨다.

리드 줄로 안내하는 훈련의 구성

> **Tip** 오랜 시간을 특별한 보조 도구 없이 훈련하고 싶다면, 계속 도구를 바꾸면서 훈련하면 된다. 반려견은 산책할 때 놀고 있는지 훈련하는 중인지 리드 줄을 보고 쉽게 구별한다. 이처럼 반려견의 보조도구를 달리하는 방식으로 훈련을 구성하면 된다.

반려견에게 아주 멋진 보상이 기다리고 있다는 점을 주지시키고 산책을 시작해 보자. 리드 줄이 팽팽하게 당겨져 있지 않고 반려견이 당신 옆에서 잘 걷고 있다면 칭찬과 함께 보상을 자주 해 주자.

리드 줄로 안내하는 훈련을 할 때 거리가 짧다면 반려견의 주둥이 높이(그리고 상대적으로 당신의 다리에 가까운 위치)에 유인하는 간식을 들고 하면 된다. 그러면 반려견은 무엇보다도 유인하면서 이끄는 것을 신뢰하게 된다.

▶ 가슴 줄은 힘이 센 반려견도 쉽게 통제할 수 있게 도와준다.

예를 들어 나중에 목걸이로 반려견을 이끌어 안내하고 싶다면, 리드 줄로 안내하는 훈련을 하는 동안에만 그 목걸이를 착용하게 하면 된다. 훈련하지 않는 시간에는 목걸이를 벗기고 하네스나 머리 줄을 착용하게 한다. 이때 리드 줄은 특별한 역할을 하지 않는다.

여기서 주의할 점이 있다. 반려견이 쉽게 이해하기 위해서는 일관적인 도구 변화가 필요하다는 것이다. 견주가 매일 사용하고 싶은 도구는 절대 사용해서는 안 된다.

돌아오라고 부르기

돌아오라고 부르는(리콜) 것은 반려견이 자유롭게 뛰놀고 있을 때 가장 중요한 신호다. 훈련의 목표는 반려견이 즉시, 또는 가능한 한 빨리 견주의 곁으로 돌아오는 것을 배우는 것이다. 그러고는 그곳에서 다음 지시를 기다리는 것이다. 이 훈련은 반려견이 훈련 행동인 '견주에게 돌아간다'를 긍정적으로 연관 지었을 때 더 확실하게 이루어진다. 일상생활에서 반려견이 착하게 말을 잘 듣는 상태와 여기저기 마음을 빼앗긴 상태 사이에 있는 상황은 자주 발생하므로 이 점은 매우 중요하다.

돌아오라고 부르는 훈련의 구성

돌아오라고 부르는 훈련의 첫 번째 단계는 반려견이 돌아오는 행동이 아니라, 신호와의 연관 관계와 감정을 조율하는 것이다. 이 훈련 또한 칭찬 훈련의 구성과 비슷하게 고전적 조건 부여 훈련으로 이루어진다. 15~20개 정도의 맛있는 간식을 준비하고, 반려견을 유혹할 만한 점이 없는 장소를 찾는다. 첫 훈련에서는 반려견의 목줄을 잡고 서서 반려견이 완전히 연관 훈련에 빠져들 수 있도록 준비한다.

반려견과 30m 정도 떨어진 거리에서 반려견을 향해 크고 확

Tip 이 훈련을 진행할 때는 반려견이 가장 좋아하는 보상을 사용해야 한다. 그래야 신호에 대한 호감을 만들어서 훈련과 간접적으로 연결할 수 있다.

실하게 "돌아와."라고 말한 후 바로 간식을 꺼내 놓자. 이 과정을 계속 반복한다.

이것은 신호를 연관 짓는 훈련이다. 이 단계에서 반려견은 간식을 받기 위해서 서툴게 움직일 것이다. 하지만 1초 정도의 시차에 따른 신호와 간식과의 연관 관계가 확실하게 맺어지면, 반려견은 견주와 즉각 닿을 수 있는 거리에 있을 것이다. 견주에게 돌아오는 행동은 시차를 두고 맛있는 간식을 받게 되는 신호라는 것을 반려견이 확실하게 알면, 다음 훈련 단계에서 반려견은 견주가 부를 때 돌아오게 될 것이다.

▶ 돌아오라고 부르는 훈련은 매우 중요하다.

중지 신호 훈련의 구성

일상생활에서는 반려견의 특정 행동을 금지하거나 반려견이 막 하려고 하는 행동을 즉시 그만두게 해야 하는 상황이 발생한다. 이때 중지 신호가 필요하다.

명령어는 오래 생각하지 않고 바로 말할 수 있을 만큼 짧고 쉬운 것이 좋다(예: 떽, 그만, 됐어). 반려견은 훈련할 때 이 중지 신호의 의미를 정확하게 전달받아야 한다. 이때 반려견이 훈련을 따라 하며 본래 하려고 하는 행동이나 그만두어야 하는 행동을 절대로 성공적으로 다 마칠 수 없다는 점을 알도록 하는 게 중요하다. 따라서 훈련에 성공하려면 철저한 계획이 필요하다.

두 종류의 간식을 준비한 후 반려견을 훈련해 보자. 우선 반려견이 덜 좋아하는 간식을 손바닥에 올려놓고 반려견이 먹을 수 있게 두자. 이 과정을 열 번 정도 반복한다. 이렇듯 반려견이 단순한 연속 행동(반대나 장애 없이 간식을 먹는 행동)에 익숙해졌을 때 중지 명령어를 들으면 처음에는 실망할 것이다. 따라서 반려견은 다음에 이어지는 훈련에서 좌절감을 느낄 것이다. 하지만 이것은 훈련 일부에 지나지 않는다. 여기서 반려견은 하고자 했던 행동을 이어서 하는 것이 성공적인 일이 아님을 배워야 한다. 훈련의 구성에서 반려견이 오므린 손에 있는 간식을 먹으려고 계속 시도한다면 곧 스스로 좌절하게 될 것이다.

반려견은 이렇게 이어지는 연속된 행동으로 이 훈련에 익숙해질 것이다. 이후 수정된 명령어의 훈련에서도 미끼가 되는 맛있는 간식을 통한 접근이 구체적으로 이어지도록 한다. 전과 같은 방식으로 손바닥에 간식을 올려놓고 시작해 보자.

반려견이 간식을 먹기 전에 정확하게 중지 신호를 말하고(일상생활에서도 활용할 수 있게 절제된 명령어 톤으로), 즉시 간식을 먹지 못하게 한다. 그러면 반려견은 대부분 손에 주둥이를

> **Tip** 명령어는 딱 한 번만 말하고 반복하지 않는 것이 중요하다. 반려견이 유혹적인 첫 번째 간식을 놓아 보내는 첫 반응이 있기까지 오랜 시간이 걸려도 상관없다.

들이대고 핥거나, 발을 대거나, 짖을 것이다. 이때 당신은 가만히 있는 상태에서 반려견이 당신이 원하지 않는 행동을 하면 아무런 결과를 얻지 못한다는 것을 인지하도록 한다.

간식이 숨겨져 있는 손을 오므리면 반려견은 의아해하며 질문하는 듯한 시선을 당신에게 던지거나 혼란스럽다는 듯 자리에 앉을 것이다. 그러면 즉시 반려견을 칭찬하며 보상의 간식을 바닥에 던져 주자. 이번에는 더 맛있는 간식을 사용한다. 이 간식은 바로 먹을 수 있게 허락된 것이다. 이 훈련을 미끼용 간식으로 항상 새롭게 시작해 보자.

▶ 중지 신호 훈련에서는 함께 생각하는 것이 필요하다.

Tip 반려견에게 마지막에 쉬어도 된다고 말하는 것을 연습하라. 그래야 반려견이 얼마나 오랫동안 그 태도를 유지해야 하는지 알 수 있다. '쉬어' 명령어나 휴식 신호는 어떤 구체적인 내용을 드러내지 않는다. 그저 단순히 이제 하고 싶은 것을 해도 된다는 것을 의미한다. 당신은 이 자유 시간을 항상 작업 신호(학습한 명령어)로 끝낼 수 있다. 예를 들어 좁은 길에서 반려견에게 "앉아."라고 명령했다고 하자. 좁은 상황이 해소되면 당신은 계속 앞으로 나아갈 수 있다. 하지만 반려견을 명령어로 이끌 필요는 없다. 이때 휴식 신호를 사용하면 반려견은 '앉아'의 위치에서 벗어나도 된다. 예를 들어 킁킁 냄새를 맡거나 여기저기 뛰어다니거나 더 오래 앉아 있는 등 자신이 원하는 것을 해도 된다. 당신이 반려견에게 휴식을 주고 싶지 않다면 - 제시된 예에서 당신은 계속 가고 싶은데 반려견이 앉아 있는 경우 - 당신은 언제든지 명령어로 반려견의 휴식을 끝낼 수 있다. 이때 당신은 돌아오라고 부르는 신호를 주거나 명령어를 사용해 반려견이 다시 움직이도록 할 수 있다.

'앉아' 훈련의 구성

'앉아' 훈련은 반려견이 명령에 따르는 동안 휴식할 수 있어서 연습하기가 쉽다. 또한 이 훈련은 일상생활에도 큰 도움을 준다.

맛있는 간식을 손에 들고 반려견이 냄새를 맡게 한다. 간식을 든 손을 반려견의 코를 지나 머리 위로 든다. 이 자세로 반려견이 앉을 때까지 기다린다. 반려견이 앉으면 바로 보상으로 간식을 준다.

> **Tip** 이 훈련을 구성할 때 간식을 든 손을 항상 같은 방식으로 움직인다면(예: 집게손가락을 위로 쳐드는 손동작), 반려견은 '앉아'의 신호 동작을 같이 배우게 된다. 우선 첫 번째 연속 행동 훈련을 최대한 시행해 보자. 반려견이 허락 없이 마음대로 하려고 하면 반려견을 멈추게 한다. 그런 후 반려견에게 따라야 하는 행동을 다시 한번 알려 주자. 반려견이 당신의 마음에 들 정도로 명령어(짧은 명령어라 하더라도)를 잘 따르는 순간까지 연습해 보자.

> **Tip** 훈련 목표가 높다면 처음부터 언어적 신호를 사용하지 않는 것이 좋다. 언어적 신호는 일관적이지 않으므로 훈련의 세세한 부분과 관련해 잘못된 연관 관계가 발생하기 쉽다.

▶ 이 반려견은 '앉아'의 신호 동작에 잘 반응해 행동하고 있다.

'엎드려' 훈련

반려견은 잠시 기다려야 할 때 쉬는 것을 좋아한다. 그래서 휴식과 연관된 훈련은 반려견과 견주 모두에게 기분 좋은 일이다. '엎드려' 훈련이 휴식과 연관된 것은 일상생활에서 명령어를 사용할 때도 좋다.

> Tip 이 훈련을 반복하고 싶다면, 휴식 신호 이후에 반려견이 일어나 있도록 해야 한다. 첫 연습을 더 쉽게 하려면 반려견이 누우려고 하는 순간을 활용하자. 반려견의 자유 의지로 할 수 있다. 조금 긴 산책 이후나 일반적인 휴식, 잠자리에 들기 전에 하는 것도 좋다. 반려견의 털이 짧거나 바닥의 추위를 잘 탄다면 특별히 주의하자. 이러한 반려견은 훈련을 구성할 때 따뜻하거나 부드러운 바닥에서 긍정적인 연관 관계를 맺을 수 있도록 해야 한다.

'엎드려' 훈련의 구성

반려견에게 맛있는 간식 냄새를 맡게 한 뒤 간식을 든 손을 바닥 근처로 내린다. 반려견은 코를 바닥 근처로 내린 후 간식에서 눈을 떼지 않을 것이다. 이것이 바로 단계적 목표다. 그다음에 무슨 일이 벌어지는지 끈기 있게 기다려 보자. 대부분 짧은 시간 내에 반려견은 눕는 자세를 취할 것이다. 구부린 채로 서 있는 것은 반려견에게 불편한 자세이기 때문이다. 크기가 작은 견종은 조금 더 시간이 걸릴 수도 있다. 반려견이 엎드려서 몸의 뒷부분과 무릎을 바닥에 대면, 칭찬하면서 보상으로 행동을 유인한 간식을 준다. 엎드려 있는 자세는 휴식 신호로 줄 수 있다.

> Tip 첫 번째 훈련 단계에서는 손에 든 간식을 천천히 움직이자. 반려견은 멀어진 간식을 따라 뛰어가므로 확 빼지 않는 것이 좋다.

▶ 엎드린 행동에 대해 칭찬을 받고 있다.

추가적인 기본 훈련

다음 훈련들은 기본 복종 훈련 프로그램을 완성하는 데 필요하다. 이 훈련들은 가정과 공공시설에서 할 수 있는 것을 더 단순화한 것이다.

가까이 오는 훈련

일상생활에서 견주는 반려견을 가까이 부르는 일이 많다. 다른 사람이 반려견을 무서워할 때도 가까이 오는 훈련은 큰 도움이 된다. 이 훈련에서 반려견은 견주 옆에 와서 나란히 앉아야 한다.

* 반려견은 거리에 관해서 사람과는 다르게 생각한다. 예를 들어 반려견과 1~2m 정도 떨어진 거리에서 반려견을 불렀다고 해 보자. 반려견의 눈은 이미 당신과 가까이 있다고 여겨서 천천히 반응할 것이다. 가까이 오는 훈련을 통해 반려견은 당신 옆에 자리 잡는 것을 배우게 된다. 명령어를 통해 반려견이 얼마나 가까운 거리로 다가오기를 바라는지 정확하게 전달할 수 있다.

가까이 오는 훈련의 구성

이 훈련을 통해 반려견은 견주의 왼쪽에 서는 법을 배운다. 이 위치는 반려견 스포츠에서 기본 위치 또는 기본 자리라고 불린다. 물론 반려견을 오른쪽에 서게 해도 상관없다. 이 경우에는 훈련할 때 좌우를 바꿔서 진행하면 된다.

양손에 간식을 들고 반려견이 오른손에 있는 간식의 냄새를 맡도록 하면서 당신의 오른쪽 몸 옆과 다리 뒤로 반려견을 유인한다. 왼손에 든 간식으로 반려견을 다시 유인해 이제 당신의 왼쪽에 오도록 한다. 그런 후 간식을 든 손을 위로 올려서 반려견이 위를 쳐다보도록 한다. 반려견이 스스로 앉을 때까지 기다린 후 바로 보상으로 간식을 준다.

여기서 주의할 점이 있다. 간식을 든 당신의 왼손을 반려견주둥이 바로 앞에 두어서 반려견이 당신 옆에 밀착하게 유인해야 한다는 것이다. 그렇지 않으면 반려견이 자리에서 일어나서 결국에는 엉덩이를 비틀며 비스듬히 당신 옆에 앉을 수도 있다.

▶ 훈련을 완수한 이 반려견은 견주 가까이에 서 있다.

▶ 처음 훈련할 때는 위와 같은 방식으로 반려견을 유인할 수 있다.

> Tip 오른손에 든 간식은 동기 부여로만 사용해 반려견이 간식을 받지 못하도록 한다. 훈련 과정을 반복한 후에는 아예 이 간식을 훈련 단계에서 빼 버리고 그냥 반려견을 뒤쪽으로 이끈다.

자리 바꾸는 훈련

견주의 몸 뒤로 자리를 바꾸는 훈련은 반려견을 안전하게 안내하고, 공공장소에 있는 사람들의 안전을 위해서 꼭 필요하다. 반려견이 이 훈련에 숙달하면 노는 것처럼 조정할 수 있다. 또한 이 훈련을 통해 다른 사람을 존중하는 태도도 쉽게 이루어질 수 있다.

이 훈련의 목표는 반려견과 함께 걸어갈 때 리드 줄의 조정 없이 다른 쪽으로 움직이게 하는(예: 반대편에서 다가오는 사람이나 다른 반려견과의 거리를 조금 더 늘리기 위해서) 것이다.

Tip 이 훈련의 어려운 점 중 하나는 한쪽 손에 계속 리드 줄을 잡고 있어야 한다는 것이다. 반려견이 당신의 뒤편으로 움직이면 리드 줄을 다른 손으로 바꿔 쥐어야 한다. 안정적으로 성공할 때까지 인내심을 가지고 연습하자. 첫 훈련 단계에서는 줄을 바꿔 잡다가 간식에 대한 접촉을 놓치면서 반려견이 유인하는 간식에 흥미를 잃을 수도 있다. 따라서 훈련할 때는 냄새가 강한 간식을 사용하는 것이 좋다.

자리 바꾸는 훈련의 구성

처음에는 두 손에 간식을 들고 시작한다. 반려견을 리드 줄로 묶은 뒤 몇 걸음 가서 멈춰 보자. 반려견이 당신의 왼쪽에서 걷고 있다면 왼손을 이용해 당신의 다리 뒤로 이끈다. 그런 다음 당신의 등 뒤에서 다시 오른손에 있는 간식으로 반려견을 유인해 보자. 반려견이 자석에 이끌리듯 당신의 오른손에 있는 간식에 코를 박고 가까이 오면 다시 걷는다. 이때 바로 간식을 주면 안 된다. 반려견이 당신의 오른쪽에서 한두 걸음 걸은 후에 간식을 주어야 한다. 평소에 당신의 오른쪽에서 반려견을 안내했다면 좌우를 바꿔서 훈련하면 된다.

▶ 등 뒤에서 자리 바꾸기를 하고 있다.

입마개 착용 훈련

공공장소에서는 반려견에게 입마개를 착용해야 할 때(예: 대중교통을 이용할 때)가 있다. 특히 수의사가 진료할 때 반려견이 강하게 두려워하거나 통증이 발생할 수 있는 상황에서는 안전을 위해 입마개를 착용하는 것이 필요하다. 입마개 착용 훈련을 받은 반려견은 이런 상황에 잘 대처할 것이다. 하지만 갑작스럽게 입마개를 착용하면 반려견이 엄청난 스트레스를 받고 거부 반응을 보인다.

입마개 착용 훈련의 구성

입마개 안에 맛있는 간식을 넣고 이를 반려견에게 보여 주자. 처음에 반려견은 주저하는 반응을 보일 것이다. 그러면 간식을 우선 입마개 끝에 놓아서 유인한 뒤 점점 간식을 입마개 안쪽으로 움직여서 반려견이 자신의 주둥이를 입마개 안까지 넣을 수 있도록 해 보자. 이 단계에서는 아직 입마개를 반려견에게 고정하지 않는다. 반려견이 이 훈련에 익숙해져야 다음 단계로 넘어

Tip 개별적인 훈련 단계를 잘 구성해 반려견이 입마개를 발로 벗으려고 하지 않도록 해야 한다. 훈련 시간과 보조도구를 잘 활용해 훈련이 원하는 방향으로 이루어질 수 있도록 하자.

▶ 입마개를 착용할 때 많은 보상을 주면 훈련을 놀이처럼 재미있게 할 수 있다.

갈 수 있다. 이 훈련에서는 반려견의 주둥이가 위로 향해서 쉽게 집중할 수 있도록 입마개 방향을 만드는 것이 중요하다. 입마개의 끝이 바닥, 즉 반려견의 발을 향하면 훈련이 잘 진행되지 않는다.

혼자 기다리기 훈련

> **Tip** 반려견에게 보상할 때는 아주 짧은 시차로 이루어져야 한다. 이 규칙을 처음부터 정확한 타이밍으로 적용해야 한다. 반려견이 훈련에서 목표로 삼은 행동을 했을 때 지나친 보상을 하지 않도록 주의하자.

'앉아'와 '엎드려' 훈련을 마쳤다면, 반려견은 이미 특정한 위치에서 견주가 휴식 신호를 주거나 다른 명령어를 말하기까지 자세를 유지하고 있어야 한다는 것을 알고 있다. 다음 훈련을 통해 반려견은 유혹이 많은 상황에서도 이 자세를 유지하는 법을 배우게 된다.

'기다려' 훈련의 변수로 추가적인 훈련을 구성할 수 있다. 이때 반려견은 견주와 떨어져 있어도 조용하고 참을성 있게 '돌아와' 또는 다른 추가적인 지시 사항을 기다릴 줄 알아야 한다. 훈련의 변수로 독립적인 명령어('기다려' 또는 '머물러')를 사용할지, 자리 명령어를 중복해서 사용할지는 견주가 정하면 된다.

혼자 기다리기 훈련의 구성

반려견에게 원하는 위치에서 명령어(앉아 또는 엎드려)를 말한 후 똑바로 서서 첫 번째 유혹 거리를 제시한다. 반려견이 유혹에 흔들리지 않고 자세를 유지하면 보상해 준다.

제일 중요한 점은 반려견이 훈련 초기에 흔히 저지르는 실수를 하기 전에 보상해 주어야 한다는 것이다. 반려견이 15초 정도 팽팽한 긴장과 집중 속에서 자세를 유지하며 보상을 기다리는 동안 반려견 앞에서 마음대로 걸어 다닐 수 있다면, 당신의 몸을 완전히 돌려 보자. 이때 주의할 점이 있다. 당신이 몸을 돌

▶ '기다려' 훈련의 보조 도구로 '앉아' 신호를 사용하고 있다.

렸는데도 반려견이 자세를 유지하고 있다면 바로 보상해 주어야 한다. 고급 훈련을 진행하기 위해서는 다른 훈련들을 병행할 수 있다.

물건 넘겨주기 훈련

반려견은 견주와 다른 가족 구성원에게 모든 물건이나 사료를 요구에 따라 넘겨주는 훈련을 해야 한다. 나중에 '그만해' 훈련 단계에 이르기 위해서는 반려견이 자신의 물건을 넘겨주는 것을 게임에서 진 게 아니라 성공이라고 여기게 하는 것이 매우 중요하다.

물건 넘겨주기 훈련의 구성

훈련의 첫 단계는 물건 교환이다. 반려견이 좋아하고 입으로 잡고 당기거나 깨물어도 당신이 꽉 잡을 수 있는 크기의 물건을

▶ 물건을 넘겨주는 훈련에서 반려견은 성공의 기쁨을 느껴야 한다.

하나 정한 후 반려견이 그 물건을 잠시 가지고 있도록 둔다. 반려견과 함께 그 물건을 잡고(당신은 손으로, 반려견은 입으로) 다른 한 손에 특별히 맛있는 간식을 들고 있다가 반려견의 코앞에 들이대 보자. 반려견이 유혹에 흔들려서 코앞에 있는 간식을 먹기 위해 입에 물고 있는 물건을 내려놓을 때까지 기다린다. 반려견이 입을 벌리는 순간 정해진 명령어(예: 아웃, 놔, 줘)를 말한다. 이때 교환되는 간식은 보상이므로 반려견이 바로 먹어도 된다. 다른 물건, 즉 교환된 물건은 반려견이 못 보도록(예: 당신의 등 뒤에 둔다) 해서 반려견이 보상을 다 먹은 후 다시 그 물건을 물려고 달려들지 않도록 한다.

Tip 이 훈련의 성공을 위해서는 반려견의 입장에서 보았을 때 교환하는 간식(보상)이 당신이 가져가려고 하는 물건보다 더 가치가 있어야 한다.

이 훈련을 반복하고 싶다면 허락 명령어(예: 가져가, 자, 놀아)를 사용해 교환이 되는 물건을 다시 훈련에 투입하면 된다.

몸의 접촉 견디기 훈련

반려견은 접촉에 대해 각기 다른 기준을 가지고 있다. 몸의 접촉과 사람들이 만지는 것을 좋아하는 반려견도 있다. 하지만 대부분 반려견은 견주와의 접촉만을 편안하다고 느낀다. 일상에서는 낯선 사람이 반려견을 만지거나 우연히 몸이 부딪히는 일이 쉽게 발생한다. 예상 문제를 방지하기 위해서는 반려견이 이런 자극에 참을성 있게 대응하도록 훈련해야 한다.

'내 반려견은 나에 관한 것은 뭐든지 좋아해.'라는 생각은 그

▶ 많은 반려견은 사람이 쓰다듬는 것을 불편하게 여기기도 한다.

다지 바람직하지 않다. 물론 반려견이 견주를 많이 좋아하는 것은 바람직한 기초가 될 수 있다. 하지만 반려견이 좋아하는 것을 참고 견뎌야 견주에게 큰 기쁨을 줄 수 있다.

이 훈련은 반려견이 자신을 만지는 것에 대한 선호도가 가장 높은, 다시 말해 가장 큰 인내를 보이는 사람으로 시작해야 한다. 처음에는 이 과정이 쉽게 보일지도 모른다. 하지만 안정적인 성공을 위해 모든 훈련 단계를 제대로 이수해야 한다.

몸의 접촉 견디기 훈련의 구성

훈련을 진행하는 사람은 반려견의 주둥이를 아래쪽에서 잡고 작은 간식을 준다. 이 훈련을 10회 정도 반복하고, 이를 살짝 변형한 훈련을 진행한다. 그다음에는 반려견의 주둥이를 아래쪽에서 다시 잡되 매번 훈련을 진행할 때마다 2초 정도 더 오래 잡고 있다가 반려견에게 간식을 준다. 이 훈련 또한 10회 정도 반복한다.

3장

주간 훈련은 이렇게 해 보자

주 단위 훈련 구성표

훈련의 결과가 좋아지려면 꾸준한 연습이 제일 중요하다. 단계별 훈련 지침서는 이 과정을 수월하게 해 준다. 3장에서는 반려견에게 다방면으로 효과가 입증된 훈련 구성표를 만날 수 있다. 이 구성표에는 매일 해야 할 훈련 내용이 담겨 있다. 매주 새로운 훈련 목표가 지정되는데, 그것은 매일 연습해야 달성할 수 있다. 훈련 내용은 반려견이 따라갈 수 있는 훈련 단계에 따라 조정해야 한다. 훈련의 구체적인 내용은 훈련 구성표에서 확인할 수 있다.

▶ 의젓하게 잘 훈련된 반려견은 일상생활을 수월하고 편안하게 해 준다.

강도 높은 훈련 프로그램 중에는 정기적인 식사 시간을 완전히 없애고, 훈련 중에 하루 사료 공급량의 일부를 보상하는 것이 좋다. 그래야 건강한 영양 섭취가 이루어져서 반려견이 살찌지 않는다. 이를테면 하루 사료 공급량의 20% 정도를 덜어 내고, 반려견이 특별히 좋아하는 간식으로 대체해 주는 것이다. 어느 정도 훈련이 이루어진 반려견이 눈에 띄는 훈련 성과를 내었을 때 특별 보상으로 활용할 수도 있다.

▶ 재사용할 수 있는 사료용 튜브.

훈련에 사용하는 간식은 작지만 다루기 쉬운 종류가 좋다. 습식 사료를 사용할 때는 재사용할 수 있는 사료용 튜브를 활용한다.

> **Tip** 반려견이 순종 훈련을 재미있게 느끼려면, 간식을 통한 보상이 직접 이루어져야 한다. 직접적인 보상은 간식을 산더미처럼 주는 것이 아니라 목표 달성에 따라 엄격하게 주는 것이 좋다. 훈련 초기 단계에서는 간식을 유인 수단으로 사용하기도 한다. 그러다가 단계가 진전된 훈련에서는 보상 수단으로 사용한다. 앞에서 언급한 '직접적'인 부분은 사료를 주는 놀이방에서의 활동과도 관련이 있다. 반려견의 건강을 위해 훈련할 때 사용할 사료와 간식의 양을 예측해야 한다. 그런 후 일일 사료 공급량에서 어느 정도를 차지하는지 계산해야 한다. 이때 사료보다 간식의 열량이 더 높다는 것을 고려한다.

1주 차 훈련의 목표와 숙제

첫 주에는 훈련을 구성하는 것이 중요하다. 훈련에 앞서 유혹이 적은 환경을 고르는 것이 좋다.

훈련의 첫 단계에서는 추가적인 동기 부여, 즉 간식으로 유인하는 것이 가능하다. 하지만 다음 규칙은 처음부터 주의하는 것이 좋다. 보조 도구는 가능한 한 최소한으로 사용해야 한다.

반려견에게 보상해 줄 때는 가능하면 유인 도구(첫 훈련 단계에서는 예외)보다 반려견이 더 좋아하는 것으로 보상해 주어야 한다. 예를 들어 반려견을 '앉아' 훈련 자리로 유인하고 싶을

Tip '앉아'와 '자리로 가', 소환 훈련을 할 때는 반려견이 다시 뛰어다니기 전에 훈련을 풀어 주는 과정이 있어야 한다. 반려견이 훈련이 다 끝났다고 생각할 무렵 다시 한번 훈련 구호를 말해서 훈련을 한 번 더 반복한다. 그런 후 훈련을 제때에 풀어 주어서(상황이 허락한다면) 반려견이 새로운 실수를 하거나 다른 곳으로 관심과 집중이 돌아가지 않도록 해야 한다(122쪽 Tip 참조).

때 그 자리에 건식 사료를 두면 반려견은 그곳에 앉는다. 이때 '앉아' 훈련 자리에 앉아 있는 반려견에게는 같은 종류의 건식 사료가 아니라 작은 소시지 간식으로 보상하는 것이 좋다.

▶ 견주가 훌륭하게 지도하면 반려견도 즐겁게 훈련에 임한다.

1주 차 훈련 목표

	실내 훈련	실외 훈련
1일 차	▸ 칭찬 훈련 ▸ 리드 줄로 반려견을 이끄는 훈련 ▸ 소환 훈련 ▸ 중지 신호 훈련 ▸ '앉아' 훈련	▸ 시선 교환 훈련 ▸ 리드 줄로 반려견을 이끄는 훈련 ▸ 소환 훈련 ▸ '앉아' 훈련 ▸ 칭찬 훈련
2일 차	▸ 리드 줄로 반려견을 이끄는 훈련 ▸ 소환 훈련 ▸ 중지 신호 훈련 ▸ '앉아' 훈련 ▸ '자리로 가' 훈련	▸ 시선 교환 훈련 ▸ 리드 줄로 반려견을 이끄는 훈련 ▸ 소환 훈련 ▸ '앉아' 훈련 ▸ '자리로 가' 훈련
3일 차	▸ 칭찬 훈련 ▸ 리드 줄로 반려견을 이끄는 훈련 ▸ 소환 훈련 ▸ '앉아' 훈련 ▸ '자리로 가' 훈련	▸ 시선 교환 훈련 ▸ 리드 줄로 반려견을 이끄는 훈련 ▸ 소환 훈련 ▸ '앉아' 훈련 ▸ '자리로 가' 훈련
4일 차	▸ 칭찬 훈련 ▸ 중지 신호 훈련 ▸ 소환 훈련 ▸ '앉아' 훈련 ▸ '자리로 가' 훈련	▸ 시선 교환 훈련 ▸ 리드 줄로 반려견을 이끄는 훈련 ▸ 소환 훈련 ▸ '앉아' 훈련 ▸ 중지 신호 훈련
5일 차	▸ 칭찬 훈련 ▸ 중지 신호 훈련 ▸ 소환 훈련 ▸ '앉아' 훈련 ▸ '밖으로 나가' 훈련	▸ 시선 교환 훈련 ▸ 리드 줄로 반려견을 이끄는 훈련 ▸ 소환 훈련 ▸ 중지 신호 훈련 ▸ '자리로 가' 훈련
6일 차	▸ 중지 신호 훈련 ▸ 소환 훈련 ▸ '앉아' 훈련 ▸ '자리로 가' 훈련 ▸ '밖으로 나가' 훈련	▸ 시선 교환 훈련 ▸ 리드 줄로 반려견을 이끄는 훈련 ▸ 소환 훈련 ▸ 중지 신호 훈련 ▸ '자리로 가' 훈련
7일 차	▸ 칭찬 훈련 ▸ 소환 훈련 ▸ 중지 신호 훈련 ▸ '자리로 가' 훈련 ▸ '밖으로 나가' 훈련	▸ 시선 교환 훈련 ▸ 리드 줄로 반려견을 이끄는 훈련 ▸ 소환 훈련 ▸ '앉아' 훈련 ▸ '밖으로 나가' 훈련

2주 차 훈련의 목표와 숙제

두 번째 주에는 새로운 훈련을 구성하고 첫 번째 주에 익힌 훈련을 일반화하는 것이 중요하다. 최대한 빨리 최적의 훈련 성과를 내기 위해서는 계속 조용한 장소를 선택하는 것이 좋다.

첫 번째 주에 익힌 내용을 연습할 때는 최소한의 유인 보조 도구를 사용해야 한다. 더는 간식을 손에 쥐고 훈련하지 않도록 한다. 반려견이 간식보다 당신의 신호에 집중하도록 하는 것이 중요하기 때문이다. 물론 새로 진행하는 훈련에서는 이 점이 해당되지 않는다.

Tip 소환 명령(신호 연관 훈련)과 리드 줄로 반려견을 이끄는 훈련은 매일 같은 방식으로 진행해야 한다.

소환 훈련은 119쪽에서 다룬 것과 같이 실내와 실외에서 최소한 한 번씩 반복해서 이루어져야 한다.

리드 줄로 반려견을 이끄는 훈련을 실내에서 진행할 때는 다음과 같이 구성한다. 반려견을 부르고(상황에 따라 '앉아' 자세를 취하게 하고) 리드 줄을 연결한다. 반려견이 리드 줄을 연결할 때 가만히 있었다면 태도에 대한 보상을 주고, 줄을 따라 한두 걸음 걸어간다. 그런 후 다시 리드 줄을 풀고(상황에 따라 다시 '앉아' 자세를 취하게 하고) 휴식 신호를 주어서 쉴 수 있게 한다. 실외에서 훈련할 때는 최고의 성과와 효율적인 지도를 위해 훈련복 등의 훈련 도구를 사용하면 좋다. 리드 줄의 당김이 느껴지면 즉시 멈추고, 반려견이 스스로 리드 줄을 느슨하게 조정하도록 기다리는 것이 좋다. 그런 후 계속 훈련을 진행하며 산책하면 된다.

훈련복 등의 훈련 도구를 확실하게 사용하지 않았다면, 반려견이 스스로 리드 줄을 이끌어 나가는 것을 막기 위해서 반려견에게 고통을 주지 않는 보조 도구를 사용하는 것이 좋다.

여러 명의 가족 구성원과 함께 거주하면 반려견을 각자 다른 수준에서 훈련할 수도 있다. 예를 들면, 한 가족 구성원이 두 번

▶ 반려견이 줄을 당기는 순간 멈춰 선다.

▶ 반려견은 어떻게 하면 앞으로 나갈 수 있을지 고민하게 된다.

▶ 반려견이 쳐다보면 보상해주자. 그런 후 계속 산책 훈련을 하면 된다.

째 주에서 다섯 번째 주까지에 해당하는 훈련을 진행하고 있는데, 다른 가족 구성원이 첫 번째 주의 훈련을 시작할 수도 있다. 그렇더라도 반려견에게는 전혀 문제가 되지 않는다. 오히려 초기 훈련을 반복하는 것은 매우 가치가 있다. 대부분 이런 경우는 다른 가족 구성원이 이미 진행한 훈련에 따라 더 좋은 성과를 낸다.

2주 차 훈련 목표

※ 밑줄 친 훈련은 매일 실시해야 한다. 다른 훈련은 번갈아 가며 실시한다.

	실내 훈련	실외 훈련
8일 차	▸ <u>기초 소환 훈련</u> ▸ <u>리드 줄로 반려견을 이끄는 기초 훈련</u> ▸ 중지 신호 훈련 ▸ '앉아' 훈련 ▸ '자리로 가' 훈련 ▸ 칭찬 훈련 ▸ 입마개 착용 훈련	▸ <u>기초 소환 훈련</u> ▸ <u>리드 줄로 반려견을 이끄는 기초 훈련</u> ▸ 시선 교환 훈련 ▸ '앉아' 훈련 ▸ '자리로 가' 훈련 ▸ 다가오기 훈련 ▸ 중지 신호 훈련
9일 차	▸ <u>기초 소환 훈련</u> ▸ <u>리드 줄로 반려견을 이끄는 기초 훈련</u> ▸ 칭찬 훈련 ▸ 몸의 접촉(만지는 행동) 견디기 훈련 ▸ '밖으로 나가' 훈련 ▸ 다가오기 훈련 ▸ 입마개 착용 훈련	▸ <u>기초 소환 훈련</u> ▸ <u>리드 줄로 반려견을 이끄는 기초 훈련</u> ▸ 시선 교환 훈련 ▸ 중지 신호 훈련 ▸ 몸의 접촉(만지는 행동) 견디기 훈련 ▸ 다가오기 훈련 ▸ '자리로 가' 훈련
10일 차	▸ <u>기초 소환 훈련</u> ▸ <u>리드 줄로 반려견을 이끄는 기초 훈련</u> ▸ 몸의 접촉(만지는 행동) 견디기 훈련 ▸ 혼자 기다리기 훈련 ▸ 자리 바꾸기 훈련 ▸ 입마개 착용 훈련 ▸ 다가오기 훈련	▸ <u>기초 소환 훈련</u> ▸ <u>리드 줄로 반려견을 이끄는 기초 훈련</u> ▸ 시선 교환 훈련 ▸ 중지 신호 훈련 ▸ 다가오기 훈련 ▸ 칭찬 훈련 ▸ '밖으로 나가' 훈련

	실내 훈련	실외 훈련
11일 차	▸ 기초 소환 훈련 ▸ 리드 줄로 반려견을 이끄는 기초 훈련 ▸ '밖으로 나가' 훈련 ▸ 혼자 기다리기 훈련 ▸ 몸의 접촉(만지는 행동) 견디기 훈련 ▸ 다가오기 훈련 ▸ 입마개 착용 훈련	▸ 기초 소환 훈련 ▸ 리드 줄로 반려견을 이끄는 기초 훈련 ▸ 시선 교환 훈련 ▸ 몸의 접촉(만지는 행동) 견디기 훈련 ▸ 칭찬 훈련 ▸ 혼자 기다리기 훈련 ▸ 자리 바꾸기 훈련
12일 차	▸ 기초 소환 훈련 ▸ 리드 줄로 반려견을 이끄는 기초 훈련 ▸ 칭찬 훈련 ▸ '밖으로 나가' 훈련 ▸ '자리로 가' 훈련 ▸ '앉아' 훈련 ▸ 입마개 착용 훈련	▸ 기초 소환 훈련 ▸ 리드 줄로 반려견을 이끄는 기초 훈련 ▸ 시선 교환 훈련 ▸ 몸의 접촉(만지는 행동) 견디기 훈련 ▸ 중지 신호 훈련 ▸ '자리로 가' 훈련 ▸ 입마개 착용 훈련
13일 차	▸ 기초 소환 훈련 ▸ 리드 줄로 반려견을 이끄는 기초 훈련 ▸ 혼자 기다리기 훈련 ▸ '밖으로 나가' 훈련 ▸ 입마개 착용 훈련 ▸ 다가오기 훈련 ▸ 몸의 접촉(만지는 행동) 견디기 훈련	▸ 기초 소환 훈련 ▸ 리드 줄로 반려견을 이끄는 기초 훈련 ▸ 시선 교환 훈련 ▸ 혼자 기다리기 훈련 ▸ 칭찬 훈련 ▸ 자리 바꾸기 훈련 ▸ 중지 신호 훈련
14일 차	▸ 기초 소환 훈련 ▸ 리드 줄로 반려견을 이끄는 기초 훈련 ▸ 칭찬 훈련 ▸ 중지 신호 훈련 ▸ 혼자 기다리기 훈련 ▸ 몸의 접촉(만지는 행동) 견디기 훈련 ▸ 입마개 착용 훈련	▸ 기초 소환 훈련 ▸ 리드 줄로 반려견을 이끄는 기초 훈련 ▸ 시선 교환 훈련 ▸ 칭찬 훈련 ▸ 혼자 기다리기 훈련 ▸ 입마개 착용 훈련 ▸ 다가오기 훈련

3주 차 훈련의 목표와 숙제

공공장소에서 훈련할 때는 반려견이 잘못된 것을 배우지 않도록 해야 한다. 당신의 생각과는 정반대의 내용을 반려견이 성공적으로 느낄 수도 있다는 점을 명심해야 한다. 이런 점을 예상하며 훈련이 현실적인 수준으로 이루어질 수 있도록 해야 한다. 또한 반려견의 성과에 따라서 보상을 알맞게 주어야 한다. 이 두 가지 경우에 관해 자세히 알아보자.

예상하며 다루기

당신의 반려견이 소환 명령을 확실하게 익히지 못했는데, 자유로운 공간에서 다른 친한 반려견을 만났다고 가정해 보자. 두 반려견은 여기저기를 뛰어다닐 것이다. 당신은 이제 집으로 돌아가야 한다. 이때 반려견을 소리쳐 부르지 않는 것이 좋다. 반려견이 훈련된 명령에 따르지 않을 가능성이 매우 높기 때문이다. 차라리 반려견에게 다가가서 리드 줄을 연결하고 보상으로 반려견을 유인해 이끌고 나오거나, 반려견과 함께 노는 것처럼 행동하다가 그 상황을 벗어나는 것이 좋다. 반려견이 강제로 행동하는 것을 조금 더 편안하게 여길 수 있도록 해야 한다. 다른 반려견의 견주에게도 당신의 의도를 설명하고 다른 반려견을 불러들이거나, 잠깐 견주의 통제하에 반려견을 둘 수 있도록 한다.

이때 당신의 목표는 지난주에 이루어졌던 신호 훈련의 성과를 소환 명령으로 말미암아 수포로 돌아가지 않도록 하는 것이다.

성과에 비례한 보상 주기

당신의 반려견이 실내와 실외에서 '앉아' 명령어를 확실하게 따라서, 더는 유인을 위한 보상이 필요하지 않게 되었다고 하자. 그리고 당신이 버스 정류장에 서 있다고 가정해 보자. 당신 주변에는 몇 명의 사람이 서 있고, 한쪽에서는 어린아이가 공을 가지고 놀고 있다. 이런 상황에서는 반려견에게 '앉아'라는 신호를 주더라도 반려견이 주저할 수 있다. 당신이 '앉아' 명령 신호를 보내거나 작고 덜 매력적인 간식을 이용해서 반려견이 앉았다고 해 보자. 이때 반려견의 반응은 즉시 이루어지지 않았지만, 양질의 보상을 해 주어야 한다. 주의를 산만하게 하는 요소가 많아서 반려견이 당신의 말을 따르기 힘들었기 때문이다.

Tip 당신이 다음 날 반려견과 버스 정류장을 지나가는데 주의를 산만하게 하는 요소가 거의 없다면, 그 기회를 이용해 같은 훈련을 다시 한번 하는 것이 좋다. 반려견이 바로 명령을 따른다면 똑같이 양질의 보상을 해 준다. 명령을 천천히 따르거나 전혀 따르지 않는다면 더 매력적인 간식으로 보상해 주자.

▶ 두 반려견이 견주의 감독하에 마주하며 지나가고 있다.

가능하다면 보상이 끝나자마자 바로 훈련을 한 번 더 반복한다. 이제 반려견은 가장 선호하는 보상에 더 끌리게 될 것이다. 훈련을 반복하면 명령을 수행하는 것이 더 빠르고 쉽게 느껴질 것이다. 이제 반려견이 양질의 보상을 받게 한다. 반려견이 훈련을 힘들어하면 바로 자세를 풀어 주어서 반려견이 실수하지 않도록 한다. 필요하면 이 훈련을 여러 번 연결해서 반복할 수 있다. 이 방법은 반려견에게 더 쉽고 편하다. 매번 짧은 시간 동안만 집중해서 훈련을 따르면 되기 때문이다.

▶ 두 마리의 반려견을 키우려면 두 배의 노력이 필요하다.

3주 차의 새로운 훈련

3주 차 훈련의 핵심은 일반화 과정이다. 이 훈련은 주의가 분산될 만한 장소에서 하는 것이 좋다.

이번 주에는 실외에서 진행하는 기초 훈련인 소환 훈련(명령어 연관 훈련)과 연결해서 적극적인(직접적인) 소환 훈련이 추가된다. 이 훈련을 통해 반려견은 소환 명령어를 들었을 때 스스로 행동하는 법을 배우게 된다.

하지만 훈련을 진행하는 중에 어려움이 있다면 어느 정도 절제하는 것이 좋다. 100%에 가깝게 완벽한 훈련 성과를 거두는 것이 목표이기 때문이다.

칭찬 훈련

칭찬은 당신의 반려견이 성공적으로 마친 모든 훈련에서 일반적인 보상(사료를 이용한 보상) 전에 이루어져야 한다. 이를 통해 칭찬 훈련은 계속 새롭게 상기된다.

칭찬으로 사용하는 단어는 긍정적인 이차적 강화 요소로 적용해야 한다. 클리커 훈련보다 칭찬 훈련을 이행하는 데 시간이 더 많이 걸린다. 칭찬으로 사용하는 단어가 일차적 강화 요소인 간식이나 보상과 확실하게 연결되지 않으면 반려견은 훈련을 제대로 이해하지 못하게 된다. 잘못된 타이밍에 칭찬하거나 보상의 종류가 적합하지 않으면 훈련의 성과를 거두기 어렵다.

시선 교환 훈련

시선 교환 훈련은 산책할 때마다 여러 번 연습해야 한다. 반려견이 좋아하며 다가가고 싶을 때마다 당신에게 시선을 주는 규칙을 만드는 것이 좋다. 반려견이 당신에게 보내는 시선은 허락을 구하는 표현이라고 받아들이면 된다. 반려견이 허락을 구하지 않으면 당연히 대답(허락)을 받을 수 없다.

실내에서 이 훈련을 할 때는 약간의 변화가 필요하다. 실내 훈련에서의 목표는 '허락을 구하는 시선'이 아니라 반려견이 중단하지 않고 최대한 길게 당신에게 집중하는 것이다. 이 훈련을 '시선 집중'이라고 한다.

시선 집중 훈련의 구성

> Tip 이 훈련은 집중력이 최대한 많이 필요해서 상대적으로 힘들다. 따라서 한 번의 훈련 과정을 한두 차례 정도 진행하는 것이 좋다.

손에 최대한 많은 간식을 쥐어 보자. 간식은 크기가 작고, 반려견이 선호하는 것으로 준비하면 좋다. 반려견이 간식 냄새를 맡도록 한 후 손을 반려견의 몸 앞에서 당신의 목 높이 정도로 들어 보자. 반려견은 이 특별한 손동작을 집중을 지속해야 하는 훈련의 신호로 배우게 된다.

▶ 작은 간식을 사용해서 반려견이 당신과 시선을 맞추기 위해 높이 쳐다볼 수 있도록 한다.

이 훈련의 목표는 반려견이 당신의 손을 향해 높이 쳐다보고, 훈련이 끝날 때까지 최대한 오랫동안 시선을 돌리지 않는 것이다. 반려견이 훈련의 신호로 사용한 손을 쳐다보면 손을 반려견의 주둥이 근처로 낮추고 손에 있는 간식 하나를 먹게 한다. 이때 반려견이 당신의 손에 여전히 간식이 가득하다는 것을 알아차리게 하는 것이 매우 중요하다. 왜냐하면 이 훈련은 같은 방식으로 계속 이어지기 때문이다. 당신이 손을 다시 목 높이까지 들면, 반려견은 간식을 기대하며 당신의 손을 따라 위를 쳐다보게 된다. 그러면 그 손에 있는 간식을 보상으로 받는다. 이 과정이 반복되는 것이다. 첫 훈련 과정에서는 연속해서 간식을 주어야 한다.

훈련 시간은 1분 정도가 좋다. 이 시간 동안 20~40개 정도의 간식을 주는 것이 바람직하다. 훈련을 진행하면서 훈련하는 시간과 간식을 주는 시간 사이의 간격을 점점 늘려 가도록 한다.

Tip 이 훈련을 할 때는 절대 빈손으로 진행하지 않도록 주의한다. 이 훈련은 손에 든 간식이 떨어져서 끝내면 안 되고, 명령어(휴식 명령어)로 끝내야 한다. 정해 놓은 훈련 시간이 끝나기 전에 손에 든 마지막 간식을 사용했다면, 훈련을 더 진행하지 말고 바로 휴식 명령어로 끝내야 한다.

3주 차 훈련 목표

※ 시선 집중 훈련 구성표

	실내 훈련	실외 훈련
15일 차	▸ 기초 소환 훈련 ▸ 리드 줄로 반려견을 이끄는 기초 훈련 ▸ 칭찬 기초 훈련 ▸ 시선 집중 기초 훈련 ▸ 혼자 기다리기 훈련 ▸ 몸의 접촉(만지는 행동) 견디기 훈련 ▸ 입마개 착용 훈련 ▸ '밖으로 나가' 훈련 ▸ 중지 신호 훈련	▸ 기초 소환 훈련 ▸ 리드 줄로 반려견을 이끄는 기초 훈련 ▸ 칭찬 기초 훈련 ▸ 시선 집중 기초 훈련 ▸ '앉아' 훈련 ▸ '자리로 가' 훈련 ▸ '밖으로 나가' 훈련 ▸ 다가오기 훈련 ▸ 자리 바꾸기 훈련
16일 차	▸ 기초 소환 훈련 ▸ 리드 줄로 반려견을 이끄는 기초 훈련 ▸ 칭찬 기초 훈련 ▸ 시선 집중 기초 훈련 ▸ '앉아' 훈련 ▸ 몸의 접촉(만지는 행동) 견디기 훈련 ▸ 입마개 착용 훈련 ▸ '밖으로 나가' 훈련 ▸ '자리로 가' 훈련	▸ 기초 소환 훈련 ▸ 리드 줄로 반려견을 이끄는 기초 훈련 ▸ 칭찬 기초 훈련 ▸ 시선 집중 기초 훈련 ▸ '앉아' 훈련 ▸ 혼자 기다리기 훈련 ▸ 중지 신호 훈련 ▸ 입마개 착용 훈련 ▸ 적극적인 소환 훈련

	실내 훈련	실외 훈련
17일 차	▸ 기초 소환 훈련 ▸ 리드 줄로 반려견을 이끄는 기초 훈련 ▸ 칭찬 기초 훈련 ▸ 시선 집중 기초 훈련 ▸ '자리로 가' 훈련 ▸ 몸의 접촉(만지는 행동) 견디기 훈련 ▸ 입마개 착용 훈련 ▸ '밖으로 나가' 훈련 ▸ 다가오기 훈련	▸ 기초 소환 훈련 ▸ 리드 줄로 반려견을 이끄는 기초 훈련 ▸ 칭찬 기초 훈련 ▸ 시선 집중 기초 훈련 ▸ '자리로 가' 훈련 ▸ 혼자 기다리기 훈련 ▸ 몸의 접촉(만지는 행동) 견디기 훈련 ▸ 다가오기 훈련 ▸ 적극적인 소환 훈련
18일 차	▸ 기초 소환 훈련 ▸ 리드 줄로 반려견을 이끄는 기초 훈련 ▸ 칭찬 기초 훈련 ▸ 시선 집중 기초 훈련 ▸ 혼자 기다리기 훈련 ▸ 다가오기 훈련 ▸ 입마개 착용 훈련 ▸ '밖으로 나가' 훈련 ▸ 중지 신호 훈련	▸ 기초 소환 훈련 ▸ 리드 줄로 반려견을 이끄는 기초 훈련 ▸ 칭찬 기초 훈련 ▸ 시선 집중 기초 훈련 ▸ 혼자 기다리기 훈련 ▸ 적극적인 소환 훈련 ▸ '밖으로 나가' 훈련 ▸ 입마개 착용 훈련 ▸ 자리 바꾸기 훈련
19일 차	▸ 기초 소환 훈련 ▸ 리드 줄로 반려견을 이끄는 기초 훈련 ▸ 칭찬 기초 훈련 ▸ 시선 집중 기초 훈련 ▸ 혼자 기다리기 훈련 ▸ 다가오기 훈련 ▸ 몸의 접촉(만지는 행동) 견디기 훈련 ▸ 입마개 착용 훈련 ▸ '밖으로 나가' 훈련	▸ 기초 소환 훈련 ▸ 리드 줄로 반려견을 이끄는 기초 훈련 ▸ 칭찬 기초 훈련 ▸ 시선 집중 기초 훈련 ▸ 혼자 기다리기 훈련 ▸ '밖으로 나가' 훈련 ▸ 적극적인 소환 훈련 ▸ 몸의 접촉(만지는 행동) 견디기 훈련 ▸ 다가오기 훈련
20일 차	▸ 기초 소환 훈련 ▸ 리드 줄로 반려견을 이끄는 기초 훈련 ▸ 칭찬 기초 훈련 ▸ 시선 집중 기초 훈련 ▸ '앉아' 훈련 ▸ '자리로 가' 훈련 ▸ '밖으로 나가' 훈련 ▸ 혼자 기다리기 훈련 ▸ 중지 신호 훈련	▸ 기초 소환 훈련 ▸ 리드 줄로 반려견을 이끄는 기초 훈련 ▸ 칭찬 기초 훈련 ▸ 시선 집중 기초 훈련 ▸ '앉아' 훈련 ▸ '자리로 가' 훈련 ▸ 적극적인 소환 훈련 ▸ 중지 신호 훈련 ▸ 입마개 착용 훈련
21일 차	▸ 기초 소환 훈련 ▸ 리드 줄로 반려견을 이끄는 기초 훈련 ▸ 칭찬 기초 훈련 ▸ 시선 집중 기초 훈련 ▸ 다가오기 훈련 ▸ 몸의 접촉(만지는 행동) 견디기 훈련 ▸ 입마개 착용 훈련 ▸ 중지 신호 훈련 ▸ 혼자 기다리기 훈련	▸ 기초 소환 훈련 ▸ 리드 줄로 반려견을 이끄는 기초 훈련 ▸ 칭찬 기초 훈련 ▸ 시선 집중 기초 훈련 ▸ 혼자 기다리기 훈련 ▸ 몸의 접촉(만지는 행동) 견디기 훈련 ▸ '밖으로 나가' 훈련 ▸ 적극적인 소환 훈련 ▸ 자리 바꾸기 훈련

4주 차 훈련의 목표와 숙제

4주 차 훈련도 계속 일반화를 해 나가야 한다. 훈련은 공공장소 중에서도 주의를 분산시키는 유혹이 많은 곳에서 진행하는 것이 좋다.

주의: 모든 반려견은 자신만의 학습 속도가 있다. 중요한 것은 반려견이 학습한 훈련을 확실하게 다지고, 주의를 분산시키는 요소가 많은 곳에서도 실수를 줄이면서 훈련 성과를 내는 것이다. 당신의 반려견에게 가장 적합한 단계가 어느 정도인지 항상 주의 깊게 살펴보자.

반려견의 수준에 맞게 훈련해야 실수를 저지를 가능성이 적어진다. 따라서 훈련은 한 걸음씩 단계별로 진행하고, 학습한 훈련 내용을 몸에 익힐 수 있도록 반복 훈련해야 한다.

훈련하다 보면 훈련 과정 중 하나가 잘못 이루어지거나, 반려견이 전혀 집중하지 못해서 실수할 수도 있다. 그렇다고 해서 모든 훈련 성과가 다 사라지는 것은 아니다. 이럴 때는 진행하

▶ 이 반려견은 소환 명령어를 듣고 견주에게 돌아오면 멋진 보상이 주어진다는 것을 알고 있다.

던 훈련을 멈추고, 한 단계 아래에서 반려견이 가장 좋은 성과를 보였던 수준의 훈련을 다시 시작해야 한다. 그러면서 더 높은 단계의 훈련에서 성과를 보일 수 있도록 접근하면 된다.

3주 차의 기초 훈련은 이번 주에도 매일 이루어져야 할 '의무 훈련'이다. 따라서 반려견이 더 높은 수준으로 학습할 수 있도록 반복해서 진행해야 한다. 기초 훈련 외에도 적극적인 소환 훈련이 함께 이루어지도록 한다.

4주 차 훈련 목표

	실내 훈련	실외 훈련
22일 차	▸ 기초 소환 훈련 ▸ 리드 줄로 반려견을 이끄는 기초 훈련 ▸ 칭찬 기초 훈련 ▸ 시선 집중 기초 훈련 ▸ 다가오기 훈련 ▸ 몸의 접촉(만지는 행동) 견디기 훈련 ▸ 입마개 착용 훈련 ▸ '밖으로 나가' 훈련 ▸ 중지 신호 훈련	▸ 기초 소환 훈련 ▸ 리드 줄로 반려견을 이끄는 기초 훈련 ▸ 칭찬 기초 훈련 ▸ 시선 집중 기초 훈련 ▸ '앉아' 훈련 ▸ '자리로 가' 훈련 ▸ '밖으로 나가' 훈련 ▸ 다가오기 훈련 ▸ 적극적인 소환 훈련
23일 차	▸ 기초 소환 훈련 ▸ 리드 줄로 반려견을 이끄는 기초 훈련 ▸ 칭찬 기초 훈련 ▸ 시선 집중 기초 훈련 ▸ '앉아' 훈련 ▸ 몸의 접촉(만지는 행동) 견디기 훈련 ▸ 입마개 착용 훈련 ▸ 중지 신호 훈련 ▸ '자리로 가' 훈련	▸ 기초 소환 훈련 ▸ 리드 줄로 반려견을 이끄는 기초 훈련 ▸ 칭찬 기초 훈련 ▸ 시선 집중 기초 훈련 ▸ '앉아' 훈련 ▸ 혼자 기다리기 훈련 ▸ 중지 신호 훈련 ▸ 적극적인 소환 훈련 ▸ 자리 바꾸기 훈련
24일 차	▸ 기초 소환 훈련 ▸ 리드 줄로 반려견을 이끄는 기초 훈련 ▸ 칭찬 기초 훈련 ▸ 시선 집중 기초 훈련 ▸ 혼자 기다리기 훈련 ▸ 몸의 접촉(만지는 행동) 견디기 훈련 ▸ 입마개 착용 훈련 ▸ '밖으로 나가' 훈련 ▸ 다가오기 훈련	▸ 기초 소환 훈련 ▸ 리드 줄로 반려견을 이끄는 기초 훈련 ▸ 칭찬 기초 훈련 ▸ 시선 집중 기초 훈련 ▸ '자리로 가' 훈련 ▸ 적극적인 소환 훈련 ▸ 몸의 접촉(만지는 행동) 견디기 훈련 ▸ 다가오기 훈련 ▸ 중지 신호 훈련

	실내 훈련	실외 훈련
25일 차	▸ 기초 소환 훈련 ▸ 리드 줄로 반려견을 이끄는 기초 훈련 ▸ 칭찬 기초 훈련 ▸ 시선 집중 기초 훈련 ▸ 혼자 기다리기 훈련 ▸ 다가오기 훈련 ▸ 입마개 착용 훈련 ▸ 몸의 접촉(만지는 행동) 견디기 훈련 ▸ 중지 신호 훈련	▸ 기초 소환 훈련 ▸ 리드 줄로 반려견을 이끄는 기초 훈련 ▸ 칭찬 기초 훈련 ▸ 시선 집중 기초 훈련 ▸ 혼자 기다리기 훈련 ▸ 몸의 접촉(만지는 행동) 견디기 훈련 ▸ '밖으로 나가' 훈련 ▸ 입마개 착용 훈련 ▸ 적극적인 소환 훈련
26일 차	▸ 기초 소환 훈련 ▸ 리드 줄로 반려견을 이끄는 기초 훈련 ▸ 칭찬 기초 훈련 ▸ 시선 집중 기초 훈련 ▸ 혼자 기다리기 훈련 ▸ 다가오기 훈련 ▸ 몸의 접촉(만지는 행동) 견디기 훈련 ▸ 중지 신호 훈련 ▸ '밖으로 나가' 훈련	▸ 기초 소환 훈련 ▸ 리드 줄로 반려견을 이끄는 기초 훈련 ▸ 칭찬 기초 훈련 ▸ 시선 집중 기초 훈련 ▸ 혼자 기다리기 훈련 ▸ 적극적인 소환 훈련 ▸ 자리 바꾸기 훈련 ▸ 몸의 접촉(만지는 행동) 견디기 훈련 ▸ 다가오기 훈련
27일 차	▸ 기초 소환 훈련 ▸ 리드 줄로 반려견을 이끄는 기초 훈련 ▸ 칭찬 기초 훈련 ▸ 시선 집중 기초 훈련 ▸ '앉아' 훈련 ▸ '자리로 가' 훈련 ▸ 입마개 착용 훈련 ▸ 혼자 기다리기 훈련 ▸ 중지 신호 훈련	▸ 기초 소환 훈련 ▸ 리드 줄로 반려견을 이끄는 기초 훈련 ▸ 칭찬 기초 훈련 ▸ 시선 집중 기초 훈련 ▸ '앉아' 훈련 ▸ '자리로 가' 훈련 ▸ 적극적인 소환 훈련 ▸ 중지 신호 훈련 ▸ 입마개 착용 훈련
28일 차	▸ 기초 소환 훈련 ▸ 리드 줄로 반려견을 이끄는 기초 훈련 ▸ 칭찬 기초 훈련 ▸ 시선 집중 기초 훈련 ▸ 다가오기 훈련 ▸ 몸의 접촉(만지는 행동) 견디기 훈련 ▸ 입마개 착용 훈련 ▸ '밖으로 나가' 훈련 ▸ 혼자 기다리기 훈련	▸ 기초 소환 훈련 ▸ 리드 줄로 반려견을 이끄는 기초 훈련 ▸ 칭찬 기초 훈련 ▸ 시선 집중 기초 훈련 ▸ 혼자 기다리기 훈련 ▸ 몸의 접촉(만지는 행동) 견디기 훈련 ▸ '밖으로 나가' 훈련 ▸ 다가오기 훈련 ▸ 적극적인 소환 훈련

5주 차 훈련의 목표와 숙제

> **Tip** 반려견이 혼잡한 도시에서 집중을 잘 못하거나 훈련을 진행할 때 일관성이 부족했다고 판단되면, 지난 4주에 걸쳐 진행한 훈련을 한 번 더 반복하거나 이번 주에 새로 학습할 훈련을 한 주 후로 미루어도 괜찮다.

5주 차 훈련의 핵심은 여전히 훈련의 일반화, 특히 공공장소에서 이루어지는 훈련의 일반화다. 훈련 목표는 반려견이 주의가 매우 분산되는 장소에서도 안전하게 앞으로 나가는 것과 기분 좋은 방식으로 복종 훈련이 이루어지도록 하는 것이다.

훈련 프로그램은 도심에서의 상황이라는 전제하에 구성된다. 대부분 도심에서는 리드 줄을 착용하는 것이 의무이므로 이번 주 실외 훈련에서는 적극적인 소환 훈련이 제외된다. 반려견이 훈련 내용을 계속 숙지할 수 있도록 실내에서 적극적인 소환 훈련을 진행하고, 숨바꼭질이라는 놀이의 형태로 연결해 보는 것도 좋은 방법이다. 예를 들어 문이나 커튼 뒤에 숨어서 반려견을 부르는 것이다. 훈련을 위한 보조 도구를 가능한 한 사용하지 않은 채 반려견이 당신을 발견하면, 반려견이 좋아하는 양질의 간식으로 보상한다. 기초 소환 훈련(신호 연관 훈련)은 매일 실내나 실외에서 진행하고, 2주 차 훈련부터 시작한 시선 집중 훈련(지속적인 집중 훈련)은 이제 실외에서도 해야 한다.

도시에서의 단계별 훈련

도시에서 반려견을 키울 때 필요한 사항이 항상 같은 것은 아니다. 하지만 반려견의 편의와 즐거움을 위해서는 계속 단계별 훈련을 진행하는 것이 좋다. 대도시에서도 주의를 분산시키는 요소가 적은 조용한 장소를 찾을 수 있다. 명령 신호의 일반화 훈련에서 진행되는 훈련 구성의 기본 규칙들을 추구해 나가는 것이 좋다. 이를 통해 더 좋은 훈련 성과를 거둘 수 있다. 훈련을 진행하는 데 불확실한 요소를 찾아냈다면, 반려견의 완벽한 학습과 숙지를 위해 보조 도구를 사용하는 것도 괜찮다. 이

때는 훈련 단계를 한 단계 낮추고, 훈련을 방해하는 요소가 최소화된 상황에서 훈련 내용을 더 강하게 진행하는 것이 좋다.

▶ 반려견이 달릴 때 견주에게 집중하고 주의하는 것은 매일 이루어진 훈련의 성과다.

5주 차 훈련 목표

	실내 훈련	실외 훈련
29일 차	▸ 기초 소환 훈련 ▸ 리드 줄로 반려견을 이끄는 기초 훈련 ▸ 칭찬 기초 훈련 ▸ 시선 집중 기초 훈련 ▸ 혼자 기다리기 훈련 ▸ 몸의 접촉(만지는 행동) 견디기 훈련 ▸ 입마개 착용 훈련 ▸ '밖으로 나가' 훈련 ▸ 적극적인 소환 훈련	▸ 기초 소환 훈련 ▸ 리드 줄로 반려견을 이끄는 기초 훈련 ▸ 칭찬 기초 훈련 ▸ 시선 교환 기초 훈련 ▸ '앉아' 훈련 ▸ '자리로 가' 훈련 ▸ '밖으로 나가' 훈련 ▸ 다가오기 훈련 ▸ 시선 집중 훈련
30일 차	▸ 기초 소환 훈련 ▸ 리드 줄로 반려견을 이끄는 기초 훈련 ▸ 칭찬 기초 훈련 ▸ 시선 집중 기초 훈련 ▸ '앉아' 훈련 ▸ 몸의 접촉(만지는 행동) 견디기 훈련 ▸ 입마개 착용 훈련 ▸ '밖으로 나가' 훈련 ▸ '자리로 가' 훈련	▸ 기초 소환 훈련 ▸ 리드 줄로 반려견을 이끄는 기초 훈련 ▸ 칭찬 기초 훈련 ▸ 시선 교환 기초 훈련 ▸ '앉아' 훈련 ▸ 혼자 기다리기 훈련 ▸ 중지 신호 훈련 ▸ 입마개 착용 훈련 ▸ 시선 집중 훈련
31일 차	▸ 기초 소환 훈련 ▸ 리드 줄로 반려견을 이끄는 기초 훈련 ▸ 칭찬 기초 훈련 ▸ 시선 집중 기초 훈련 ▸ '자리로 가' 훈련 ▸ 몸의 접촉(만지는 행동) 견디기 훈련 ▸ 입마개 착용 훈련 ▸ '밖으로 나가' 훈련 ▸ 다가오기 훈련	▸ 기초 소환 훈련 ▸ 리드 줄로 반려견을 이끄는 기초 훈련 ▸ 칭찬 기초 훈련 ▸ 시선 교환 기초 훈련 ▸ 시선 집중 훈련 ▸ 혼자 기다리기 훈련 ▸ 몸의 접촉(만지는 행동) 견디기 훈련 ▸ 다가오기 훈련 ▸ 중지 신호 훈련

	실내 훈련	실외 훈련
32일 차	▸ 기초 소환 훈련 ▸ 리드 줄로 반려견을 이끄는 기초 훈련 ▸ 칭찬 기초 훈련 ▸ 시선 집중 기초 훈련 ▸ 혼자 기다리기 훈련 ▸ 다가오기 훈련 ▸ 입마개 착용 훈련 ▸ '밖으로 나가' 훈련 ▸ 중지 신호 훈련	▸ 기초 소환 훈련 ▸ 리드 줄로 반려견을 이끄는 기초 훈련 ▸ 칭찬 기초 훈련 ▸ 시선 교환 기초 훈련 ▸ 혼자 기다리기 훈련 ▸ 시선 집중 훈련 ▸ '밖으로 나가' 훈련 ▸ 입마개 착용 훈련 ▸ 자리 바꾸기 훈련
33일 차	▸ 기초 소환 훈련 ▸ 리드 줄로 반려견을 이끄는 기초 훈련 ▸ 칭찬 기초 훈련 ▸ 시선 집중 기초 훈련 ▸ 혼자 기다리기 훈련 ▸ 다가오기 훈련 ▸ 몸의 접촉(만지는 행동) 견디기 훈련 ▸ 적극적인 소환 훈련 ▸ '밖으로 나가' 훈련	▸ 기초 소환 훈련 ▸ 리드 줄로 반려견을 이끄는 기초 훈련 ▸ 칭찬 기초 훈련 ▸ 시선 교환 기초 훈련 ▸ 혼자 기다리기 훈련 ▸ '밖으로 나가' 훈련 ▸ 자리 바꾸기 훈련 ▸ 몸의 접촉(만지는 행동) 견디기 훈련 ▸ 시선 집중 훈련
34일 차	▸ 기초 소환 훈련 ▸ 리드 줄로 반려견을 이끄는 기초 훈련 ▸ 칭찬 기초 훈련 ▸ 시선 집중 기초 훈련 ▸ '앉아' 훈련 ▸ '자리로 가' 훈련 ▸ '밖으로 나가' 훈련 ▸ 혼자 기다리기 훈련 ▸ 중지 신호 훈련	▸ 기초 소환 훈련 ▸ 리드 줄로 반려견을 이끄는 기초 훈련 ▸ 칭찬 기초 훈련 ▸ 시선 교환 기초 훈련 ▸ '앉아' 훈련 ▸ 시선 집중 훈련 ▸ 혼자 기다리기 훈련 ▸ 중지 신호 훈련 ▸ 입마개 착용 훈련
35일 차	▸ 기초 소환 훈련 ▸ 리드 줄로 반려견을 이끄는 기초 훈련 ▸ 칭찬 기초 훈련 ▸ 시선 집중 기초 훈련 ▸ 적극적인 소환 훈련 ▸ 몸의 접촉(만지는 행동) 견디기 훈련 ▸ 입마개 착용 훈련 ▸ 중지 신호 훈련 ▸ 혼자 기다리기 훈련	▸ 기초 소환 훈련 ▸ 리드 줄로 반려견을 이끄는 기초 훈련 ▸ 칭찬 기초 훈련 ▸ 시선 교환 기초 훈련 ▸ 시선 집중 훈련 ▸ 몸의 접촉(만지는 행동) 견디기 훈련 ▸ '밖으로 나가' 훈련 ▸ 다가오기 훈련 ▸ 자리 바꾸기 훈련

질문을 위한 질문

반려견에 대한 지식 테스트

최근 몇 년 동안 독일에서는 반려견 양육 규정이 더욱 엄격해졌고, 훈련 방식은 더욱 현대적으로 개편되었다. 4장에서는 반려견에 대한 여러분의 지식이 최신의 정보인지 확인해 보도록 하자(법률 규정 등은 독일에서만 적용할 수 있다. 답은 한 개 이상일 수도 있다).

1. 반려견들이 서로 놀고 있다는 것은 어떻게 알 수 있는가?

A 편안한 모습을 보인다. 때에 따라서는 상대에게 활기를 불어넣으며 놀이를 유도한다.

B 모든 반려견은 놀 때 쫓는 역할과 쫓기는 역할을 한다. 이러한 역할은 여러 번 바뀐다.

C 대부분 반려견은 사회적 접촉에 개방적이다. 따라서 출혈이 있는 외상이 생기지 않는 한 모든 것을 놀이로 간주한다.

D 놀이할 때 상대적으로 약한 반려견은 구석으로 몰리게 된다. 이 반려견은 큰 소리로 낑낑거리며 입질하고, 다리 사이에 꼬리를 끼우고 있다.

2. 개의 기본적 소질은 무엇인가?

A 사냥하는 육식 동물이다.

B 인간에게 헌신하도록 인위적으로 생긴 종이다.

C 사회적인 무리를 짓고 그 안에서 삶을 꾸려 나간다.

D 짐승의 사체를 먹는다.

3. 반려견을 입양하려고 할 때 생각해야 할 것은 무엇인가?

A 외형만 보고 결정하지 않고, 선택한 품종의 기질이 일상과 어울리는지 고려한다.

B 반려견과 생활하다 보면 문제가 생길 수도 있다. 그 문제를 해결하기 위한 시간과 끈기가 있는지 생각한다.

C 10여 년 동안 반려견을 키울 충분한 시간과 욕구가 있는지 생각한다.

D 반려견에게 드는 비용(수의학적 응급 치료도 포함)을 감당할 수 있는지 생각한다.

4. 반려견의 특성에 맞게 키우기 위해서는 어떤 점을 충족해야 하는가?

A 반려견은 매일 사람이나 다른 반려견과 접촉해야 한다.

B 반려견은 항상 마실 물에 자유롭게 접근해야 한다.

C 반려견은 주기적으로(하루에 최소 세 번) 충분한(건강한 반려견은 하루에 최소 두 시간) 산책을 해야 한다.

D 반려견이 질병에 걸리면 수의학적인 치료를 받아야 한다.

5. 반려견이 공포를 느끼거나 스트레스를 받았다는 확실한 징후는 무엇인가?

A 하품하고 자주 혀로 코를 핥는다.

B 숨을 헐떡이며 꼬리를 다리 사이에 끼워 넣는다. 이때 귀는 뒤로 눕혀져 있다.

C 자신의 몸을 작게 만들고 도망치려고 한다.

D 누군가 말을 걸면 옆으로 납작 누워서 꼬리를 흔든다.

6. 동시에 여러 마리의 반려견을 키우는 것이 바람직한가?

A 그렇다. 반려견들에게 동종의 사회적 동반자가 생기는 것

이기 때문이다. 견주가 집 밖에 있는 시간이 많을 때는 더욱 중요하다.

B 아니다. 반려견은 기본적으로 다른 반려견과 만나지 않아도 된다.

C 그렇다. 반려견은 두 마리가 함께 자라거나 더 큰 무리에서 양육되어야 반려견 특성에 적합한 삶을 누리게 된다. 이때 반려견들이 서로를 잘 이해할 수 있도록 돌봐 주어야 한다.

D 그렇다. 마지막으로 입양한 반려견은 다른 반려견들이 하는 것을 보고 따라 한다. 따라서 견주는 훈련을 별도로 할 필요가 없다.

7. 반려견이 문제없이 오랫동안 혼자 있을 수 있는 것은 유전적 특성과 관련이 있는가?

A 그렇다. 늑대들도 사냥 가기 전에 항상 한 마리는 남겨 놓고 간다.

B 아니다. 늑대들은 무리로만 살아남을 수 있어서 조직 구성원을 절대 혼자 남겨 놓지 않는다.

C 그렇다. 하지만 일부 품종만 그러하다.

D 아니다. 분리된 상황을 혼자 잘 극복하는 능력은 유전되는 행동 양식이 아니다.

8. 어느 시기까지 강아지라고 하는가?

A 생후 한 살까지다.

B 사회화가 마무리될 때까지, 즉 생후 3~4개월 정도까지다.

C 성적 성숙이 시작되기 전까지다.

D 딱딱한 먹이를 먹을 수 있게 되기 전까지다.

9. 강아지 놀이 집단을 선택할 때는 무엇을 기준으로 삼아야 하는가?

A 다양한 품종의 강아지가 함께한다.

B 강아지가 공격적 행동을 보이면 훈련사가 즉시 처벌한다. 강아지들은 사회적 관계의 원만함을 배워야 하기 때문이다.

C 건강한 강아지들로 최대 생후 한 살까지만 참여할 수 있다.

D 강아지들이 환경에 잘 적응할 수 있도록 개체별 수준에 따라 다양한 자극 상황을 제공한다.

10. 개의 품종은 무엇으로 구분할 수 있는가?

A 외형적으로만(털의 색깔과 길이)

B 외형과 해당 품종의 기질에 따라서

C 몸의 크기로만

D 다양한 교배 목적(품종의 근본적인 이용 목적에 따라)에 따라서

11. 어린이가 반려견의 공격을 받았을 때 주로 얼굴에 상처를 입는 이유는 무엇인가?

A 어린이의 얼굴은 대략 반려견의 입 높이에 있어서 반려견이 입질하거나 물려고 할 때 어른보다 더 빨리 접촉할 수 있기 때문이다.

B 어린이는 반려견을 껴안고 뽀뽀하기를 좋아하기 때문이다. 몇몇 반려견은 이러한 접촉을 지나치다고 느껴서 입질을 통해 벗어나려고 한다.

C 어린이 얼굴의 상처는 대부분 반려견이 물어서 생기는 것이 아니라 앞발을 들어 어린이를 밀다가 어린이가 넘어지면서 생긴다.

D 반려견은 상황에 따라 의도치 않게 어린이의 얼굴을 다치

게 한다. 기본적으로 반려견은 어린이의 입술을 핥아서 달래려고 하기 때문이다.

12. 인간과의 무난한 공동생활을 위해서 강아지에게 중요한 경험은 무엇인가?

A 강아지는 모든 연령층의 다양한 사람과 자주 만나는 것이 좋다.

B 강아지는 세상의 자극과 직면해야 한다. 예를 들어 공공 교통수단이나 복잡한 교통 상황에 적응할 준비가 되어 있어야 한다.

C 강아지는 가능한 한 주택이나 가정집 안에서 많이 머물러야 한다.

D 강아지는 케이지 안에서 있는 것이 가장 좋다. 오랜 시간 혼자 있는 것을 배워야 하기 때문이다.

13. 강아지를 훈련할 때 중요한 것은 무엇인가?

A 생후 반년 정도가 지난 후 훈련을 시작해야 한다.

B 강아지는 항상 단시간만 집중할 수 있다는 점에 유의한다.

C 단계별로 견주가 원하는 행동을 알려 주어야 한다. 원하지 않는 행동은 관리를 통해 방지해야 한다.

D 성견과 강아지를 함께 살게 해서 성견이 강아지의 특성에 맞는 훈련을 하도록 해야 한다.

14. 강아지를 입양하기에 적합하지 않은 경우는 무엇인가?

A 모견이 가까이 다가오는 모든 사람을 향해 쉬지 않고 짖는다. 강아지들도 똑같이 행동하면서 어딘가에 숨는다.

B 혈통서가 없다.

C 브리딩 장소는 청소가 되어 있지 않고, 강아지들은 상자 속

에서 먼지와 흙을 가지고 놀아서 더러운 상태다.

D 강아지들이 즐거운 모습으로 모든 사람에게 달려온다.

15. 강아지 입양을 단념해야 하는 상황은 무엇인가?

A 강아지가 하루에 6시간 이상 혼자 있어야 할 때

B 견주의 직장이나 거주지가 유동적이고, 강아지의 특성에 적합한 양육이 불가능할 때

C 집에 정원이 없을 때

D 가족 구성원이 강아지 털에 대한 강한 알레르기 반응이 있을 때

16. 동물 보호법상 적합하지 않은 양육 형태는 무엇인가?

A 짧은 리드 줄로 묶은 반려견과 하루에 세 번 20분씩 산책한다.

B 사회적 파트너와의 접촉이 없는 상태에서 기른다.

C 하루에 8시간 이상은 혼자 있게 둔다.

D 자연광이 닿지 않는 지하 창고에서 기른다.

17. 강아지는 언제부터 훈련해야 하는가?

A 강아지의 나이는 상관없다. 다만, 강아지가 견주에게 적응할 수 있도록 미리 대략 3주의 시간을 주어야 한다.

B 강아지의 나이는 상관없다. 바로 쉬운 훈련부터 시작하면 된다. 중요한 점은 강아지가 무서워하거나 너무 흥분하지 않아야 한다는 것이다.

C 아직 미숙한 생후 6개월 전에는 복종 훈련을 하지 말아야 한다.

D 강아지 때는 배변 훈련만 해야 한다. 다른 훈련을 하기에는 너무 어리기 때문이다.

18. 반려견에게는 생후 3개월까지가 왜 결정적인 기간인가?

A 이 시기에 반려견은 삶의 비교 척도가 되는 경험들을 수집하기 때문이다.

B 이 시기는 전혀 결정적이지 않다. 중요한 경험들은 이 시기 이후에 겪기 때문이다.

C 이 시기에 반려견의 뇌가 매우 빠르게 발달하기 때문이다. 따라서 바람직한 양육 환경에서 학습을 촉진하고, 최대한 다양한 상황을 준비해야 한다.

D 이 시기에 반려견은 견주와 긴밀한 관계를 형성하기 때문이다.

19. 당신의 반려견이 다른 반려견들과 사이가 좋지 않은 것을 알게 되었다. 이때 당신이 해야 할 일은 무엇인가?

A 훈련사나 행동 치료를 전문적으로 하는 수의사에게 조언을 구한다.

B 반려견에게 입마개를 씌우는 것 이외에는 할 수 있는 것이 없다.

C 그런 반려견은 더는 양육할 수 없으므로 동물 보호소에 보내거나 안락사해야 한다.

D 뭔가 조처할 필요가 없다. 반려견들이 서로 싸우는 것은 정상이기 때문이다.

20. 견주와 연관 있는 법의 영역은 무엇인가?

A 형법, 민법, 행정 질서법

B 자치 단체의 규정(조례)

C 동물 보호법

D 없다.

21. 독일에서는 반려견을 줄에 묶어서 키우는 것만 허용되는가?

A 그렇다. 하지만 줄의 길이는 최소 2m여야 하고, 목줄을 한 상태에서 매일 사료가 제공되어야 한다.

B 아니다. 독일에서는 금지되어 있다.

C 그렇다. 이것과 관련해서 별도의 규정이 없기 때문이다.

D 아니다. 하지만 특수하게 움직이는 목줄 장치에 묶어서 키우는 것은 허용된다. 이는 동물 보호법에 따라 시행해야 한다.

22. 암컷 개의 상상 임신은 언제 나타날 수 있는가?

A 배란기 이후 4~9주

B 교미했지만 수정이 안 되었을 때

C 항상

D 배란기 직후

23. 훈련받는 반려견이 반항적으로 행동하는 이유는 무엇인가?

A 훈련받는 반려견은 이런 행동을 하지 않는다.

B 강아지 때 나타나는 이런 행동은 지극히 정상이다.

C 자신이 세상의 중심이고, 모든 것이 자신을 중심으로 돌아간다고 믿어서다.

D 훈련할 때 보상으로 사료를 주기 때문이다.

24. 강아지를 훈련할 때 유의할 점은 무엇인가?

A 절도가 필요하지만 애정으로 강아지를 대해야 한다.

B 일상에서 겪는 상황들에 적응할 수 있도록 강아지에게 다양한 상황을 제공해야 한다. 여기에서 중요한 것은 경험들이 긍정적으로 인지될 수 있어야 한다.

C 강아지를 체벌하면 안 된다. 왜냐하면 사람에 대한 신뢰를 잃기 때문이다.

D 놀이하듯이 훈련을 계획해야 한다. 강아지는 스트레스가 없는 분위기에서 배워야 훈련 효과가 높기 때문이다.

25. 강아지나 어린이가 낯선 성견에게 강제로 다가가면 성견은 어떤 행동을 하겠는가?

A 으르렁거린다.

B 입술을 주름지게 하거나 들어 올린다.

C 특별한 행동을 하지 않는다. 성견은 물지 않으므로 어린이나 강아지는 성견에게 맘껏 어리광을 부려도 된다.

D 입질하거나 문다.

26. 독일에서는 반려견의 귀나 꼬리를 자르는 것이 허용되는가?

A 그렇다. 하지만 반려견이 통증을 느끼지 못하는 생후 12주 이내에만 가능하다.

B 그렇다. 특정 품종의 기준에 규정되어 있기 때문이다.

C 아니다. 사적인 양육(가정집 양육)에서는 전반적으로 금지되어 있다.

D 독일에는 이와 관련한 규정이 없으므로 견주가 원하는 대로 하면 된다.

27. 반려견이 다른 반려견을 지배적으로 대하는 행동은 무엇인가?

A 편안하게 옆으로 누워 꼬리를 흔든다.

B 몸을 크게 하고(귀는 앞을 향하고 꼬리를 추켜올린 빳빳한 몸가짐) 시선을 피하지 않는다.

C 짖으면서 귀를 뒤로 납작하게 한다.

D 다른 반려견의 등에 주둥이와 발을 올린다.

28. 활달했던 반려견이 평소와는 다르게 조용하고 일상에서 일어나는 일들에 별로 관심을 두지 않는다. 이러한 행동은 어떤 의미인가?

A 반려견이 아픈 것일 수도 있다. 하지만 반려견이 좋아하는 사료를 주었을 때 잘 먹으면 아무 문제가 없는 것이다.

B 반려견이 슬픈 것일 수도 있다. 따라서 반려견이 다시 활기를 찾도록 더욱 집중적으로 반려견을 챙겨야 한다.

C 반려견이 전날 너무 많이 에너지를 써서다. 따라서 조용히 있는 것이 당연하다.

D 반려견의 변한 행동은 뭔가 문제가 있다는 신호다. 따라서 수의사를 찾아가 원인을 알아내야 한다.

29. 반려견 두 마리가 서로의 눈을 뚫어지게 쳐다보는 것은 무엇을 의미하는가?

A 서로를 굉장히 좋아해 같이 놀기를 원하는 것이다.

B 상대를 진정시키는 몸짓이다.

C 서로를 위협하는 것이다.

D 이것은 강아지 때의 몸짓과 관련된 것이다. 강아지는 이런 행동으로 모견이 먹이를 토하도록 자극한다. 일부 성견도 이러한 몸짓을 평생 유지한다.

30. 중성화 수술을 한 수컷 반려견은 공격성이 줄어드는가?

A 그렇다.

B 아니다.

C 늘 그런 것은 아니다. 공격성을 치료하기 위해 중성화 수술

을 했다면 성공 여부는 나이와도 상관이 있다.

D 수컷 반려견의 성호르몬이 공격 행동의 원인이었을 때만 효과가 있다.

31. 리드 줄 없이 반려견을 데리고 산책하는데 목줄을 하지 않은 다른 반려견이 낮은 몸짓으로 살금살금 다가온다. 이 때 당신은 어떻게 해야 하는가?

A 다른 반려견과 정면으로 부딪치지 않도록 가던 길의 방향을 바꾼다. 이러한 방식으로 다른 반려견과 점점 멀어지도록 한다.

B 다른 반려견의 견주에게 반려견을 불러들이도록 부탁한다. 다른 반려견이 기어 오는 행동은 공격 준비이기 때문이다.

C 반려견에게 리드 줄을 채우고 다른 훈련을 한다. 반려견이 훈련 초기 단계라면 유혹할 수 있는 장난감이나 사료를 이용해서 최대한 빨리 지나간다.

D 아무것도 하지 않는다. 리드 줄을 하지 않은 반려견들은 어떤 상황에서든 반려견들끼리 알아서 해결하도록 하는 것이 좋다.

32. 반려견은 스트레스가 심한 상황을 벗어나기 위해 어떤 몸짓을 하는가?

A 자신의 코 핥기

B 앞발 들기

C 하품하기

D 시선을 앞으로 고정하기

33. 강아지를 데리고 강아지 놀이 집단에 꼭 가야 하는가?

A 그렇다. 그렇지 않으면 강아지는 사회적 행동을 평생 배우지 못할 것이다.

B 아니다. 하지만 전문성을 바탕으로 지도하는 집단에서는 여러 가지 부담되는 상황을 전환할 수 있다.

C 아니다. 강아지는 생후 8주에서 18개월 사이의 반려견들이 참여하는 복종 훈련을 해야 한다.

D 그렇다. 하지만 이 집단에서 강아지는 형제들과만 계속해서 접촉해야 한다. 모견도 함께하면 더욱 좋다. 이외에 다른 것은 강아지에게 너무 부담을 준다.

34. 두 마리의 반려견이 서로 싸운다. 견주들은 싸움을 막기 위해 반려견들에게 소리를 지른다. 이러한 행동은 반려견들에게 어떤 영향을 미치는가?

A 반려견들은 공포심을 느껴서 싸움을 바로 멈춘다.

B 대부분 반려견은 더욱 흥분한다. 때에 따라 견주의 목소리가 계속 싸우도록 선동하는 것으로 들릴 수 있다.

C 어떤 영향도 끼치지 않는다.

D 반려견들은 일반적으로 사람의 행동에 관심이 없다. 따라서 소리를 지르는 것도 반려견들에게는 아무 의미가 없다.

35. 반려견은 얼마나 자주 구충해야 하는가?

A 장이 스스로 청소하므로 구충할 필요가 없다.

B 대변 검사를 통해 양성 결과가 나오면 해야 한다. 이뿐만 아니라 3개월에 한 번씩 예방 차원에서 구충해야 한다.

C 젖을 뗀 이후에 한 번만 하면 된다.

D 하루에 마늘 한 알만 먹이면 구충할 필요가 없다.

36. 생후 몇 주 동안 다양한 외부 자극을 배우는 것은 강아지가 발달하는 데 중요한가?

A 그렇다. 강아지가 배우는 다양한 자극은 뇌 속 신경 경로에 해당하는 연결 고리를 보강하는 데 이바지하기 때문이다.

B 그렇다. 다양한 자극은 삶의 경험을 선사하고, 새로운 상황에 잘 대처하게 해 주기 때문이다.

C 아니다. 생후 몇 주 동안은 자극을 가공할 수 없기 때문이다.

D 아니다. 뇌는 저절로 발달하므로 다양한 자극을 제공하는 것과는 상관이 없다.

37. 벼룩 감염의 징후는 무엇인가?

A 반려견이 평소보다 자주 자신의 몸을 긁는다.

B 벼룩 감염은 수의사의 검사를 통해서만 확진할 수 있다.

C 반려견을 빗질하면 털에서 작고 검은 가루가 나온다.

D 반려견을 하얀색 벽 앞에 서 있게 하면 반려견의 등 위에서 벼룩이 뛰는 것을 볼 수 있다.

38. 반려견의 건강을 유지하는 방법은 무엇인가?

A 주기적으로(최소 1년에 한 번) 수의사의 검진을 받도록 한다.

B 반려견의 몸 전체를 매일 빗질하면서 변한 것이 있는지, 외부 기생충이 있는지 꼼꼼히 살펴봐야 한다.

C 제일 비싼 사료만 제공해야 한다.

D 최소 일주일에 한 번은 목욕시켜야 한다.

39. 많은 반려견이 줄을 하고 산책할 때 더 공격적으로 변하는 이유는 무엇인가?

A 반려견들은 줄에 묶여 있을 때 더 용감해진다. 자신의 견주

를 공동 행위자(공범)로 판단하기 때문이다.

B 반려견들은 줄에 묶여 있으면 갑자기 위협당한다고 느낀다. 그래서 '습격이 최고의 방어'라는 특성을 보인다.

C 반려견들은 스트레스를 받으면 공격적인 행동을 보인다. 그 상황을 벗어날 수 있는 최고의 방법이라고 생각하기 때문이다.

D 반려견들은 자신이 줄에 묶여 있다는 것에 화가 나 있다. 이러한 분노를 다른 반려견에게 표출하는 것이다.

40. 당신이 외출했다가 집에 돌아오니 반려견이 집 안 여기저기에 대변을 누었다. 당신과 눈이 마주친 반려견이 몸을 낮추고 당신에게 다가오는 이유는 무엇인가?

A 죄책감을 느껴서다.

B 나의 반응을 무서워하고 있어서다.

C 배가 아파서다.

D 나를 진정시키기 위해서다.

41. 우연히 밖에서 만난 반려견들은 안정된 서열을 형성할 수 있는가?

A 아니다. 혈연관계인 반려견끼리만 서열을 형성하기 때문이다.

B 아니다. 같이 살거나 하루에 여러 번 만나서 오랜 시간 접촉하는 반려견들 사이에서만 서열이 형성되기 때문이다.

C 그렇다. 하지만 5분 이상의 접촉이 있어야만 형성된다.

D 그렇다. 반려견들은 어떤 반려견을 만나든 서열을 형성하기 때문이다.

42. 당신이 몸을 숙여 반려견을 만지려고 하자, 반려견이 몸을

낮추고 으르렁거린다. 당신은 손을 뻗어 반려견이 손 냄새를 맡도록 한다. 그 순간 반려견이 당신을 물려고 한다. 이러한 행동의 원인은 무엇인가?

A 예전에 반려견이 맞은 적이 있기 때문이다.

B 손을 뻗는 몸짓을 위협으로 느꼈기 때문이다.

C 반려견에게 장애가 있기 때문이다.

D 사람이 몸을 낮추는 행동은 반려견보다 약하다는 것을 드러낸다. 따라서 반려견이 자신보다 약한 상대를 공격하는 것은 정상이다.

43. 반려견에게 사료를 어떻게 제공해야 하는가?

A 반려견은 스스로 얼마나 먹어야 하는지 잘 알고 있으므로 사료를 항상 제공해 준다.

B 반드시 하루에 두 번 제공해야 한다. 다만, 중간에 아무것도 주어서는 안 된다.

C 사료 제공 장소나 시각을 정할 필요가 없다. 훈련할 때 보상받는 사료량과 놀면서 먹는 사료량은 건강에 해를 끼치지 않기 때문이다.

D 사료나 간식을 먹기 전에 일부 훈련을 시행해서 '성과로 말미암아 대가를 받는다'는 원칙에 적응하도록 한다.

44. 위협을 당한다고 느껴서 겁에 질린 개에게 나타나는 행동은 무엇인가?

A 소변을 본다.

B 피할 수 없을 때는 공격한다.

C 먹을 것을 구걸한다.

D 도망치려고 한다.

45. 반려견은 인간의 언어를 이해할 수 있는가?

A 반려견은 특정 단어의 의미를 배울 수 있다.

B 반려견은 인간의 언어를 음색으로 구분한다.

C 없다. 하지만 의미를 배운 말 중에 몇 가지 단어는 알아차릴 수 있다.

D 있다. 반려견은 인간의 언어를 쉽게 이해한다.

46. 견주와 반려견의 좋은 관계는 무엇을 통해서 알 수 있는가?

A 반려견이 자주 견주의 위치를 찾을 때

B 견주가 애정을 듬뿍 담아 반려견을 만질 때

C 반려견과 견주가 생기발랄하게 함께 놀 때

D 반려견이 간식을 구걸하면 견주가 즉시 먹을 것을 제공할 때

47. 훈련사가 당신의 6개월 된 반려견이 사회화가 잘 되어 있고 행실이 좋으며 심리가 안정되어 있다고 평가한다. 그러면서 재사회화 훈련이 필요한 다른 개를 테스트할 때 당신의 반려견이 도움을 줄 수 있느냐고 물어본다. 예전에 그 개가 어떤 개를 물어서 다른 개와 접촉할 때의 행동을 검토하기 위해서라고 한다. 이때 당신은 어떻게 해야 하는가?

A 거절하고 즉시 다른 반려견 학교로 옮긴다.

B 칭찬을 받았으므로 기분 좋게 동의한다.

C 테스트 조건이 정확히 무엇인지 물어본다. 사고를 일으킨 개에게 리드 줄이나 입마개를 하지 않고 잔디밭에서 자유롭게 만나는 조건이라면 거절한다.

D 테스트의 보상이 무엇인지 물어본다. 이 특수 훈련으로 50유로를 지급한다는 말을 듣고는 바로 동의한다.

48. 한 무리의 개가 불안해하는 개를 뒤쫓으며 좁은 구석으로 몰고 있다. 이 행동은 놀이인가?

A 아니다. 사냥감을 향한 공격성이 표현된 것이다.

B 아니다. 집단 따돌림과 관련한 행동이다.

C 아니다. 의식적인 싸움에 해당하는 행동이다.

D 그렇다. 전형적인 놀이 상황이다.

49. 당신과 반려견의 서열은 어떻게 정해야 하는가?

A 훈련할 때 반려견이 실수하도록 유도한 다음 반려견을 강제로 눕혀서 한동안 꽉 잡고 있어야 한다.

B 당신이 반려견에게 최고의 활동 파트너임을 인지시킨다.

C 관심을 끌기 위한 반려견의 행동을 무시한다.

D 반려견이 보는 앞에서 과시하듯이 맛있는 것을 먹고, 반려견에게는 그것을 조금도 주지 않는다.

50. 반려견과 견주의 관계를 지속해서 약화시키는 것은 무엇인가?

A 직접적인 물리적 처벌

B 반려견이 어떤 상황에서 원하지 않는 공포에 기인한 행동을 했을 때 반려견의 행동 규범

C 반려견과 여러 가지 일에 몰두하는 것

D 반려견의 입장에서 비논리적인(부조리한) 행동

51. 다음 중 개의 전형적인 사냥 행동 양식은 무엇인가?

A 살금살금 접근하고 튀어나올 자세를 취하는 것

B 사냥감을 물고 흔드는 것

C 사냥감을 몰이(추격)하는 것

D 으르렁거리는 것

52. 당신은 반려견에게 개껌을 주었고, 반려견은 자신이 눕는 장소로 개껌을 물고 돌아갔다. 당신이 반려견이 있는 곳으로 다가가자 반려견이 당신을 향해 으르렁거린다. 이때 당신은 어떻게 해야 하는가?

A 상황을 더 악화시키지 않도록 반려견에게서 떨어진다. 그러고는 행동 치료를 전문적으로 하는 수의사나 훈련사에게 조언을 구한다. 이러한 공격성의 문제는 전문가의 치료가 필요하기 때문이다.

B 반려견을 큰소리로 혼내면서 반려견의 뒷덜미를 붙잡고 흔든다. 그런 후 개껌을 빼앗는다.

C 반려견의 관심을 다른 곳으로 향하게 한 후 몰래 개껌을 빼앗는다. 반려견이 자원 방어 행동을 보였으므로 몇 주나 몇 달 동안 전문적인 긍정 강화 훈련을 시행한다.

D 반려견은 경계심이 있어야 하므로 칭찬해 준다. 그러고는 당신이 반려견보다 서열이 높다는 것을 알려 주기 위해 반려견 앞에서 소시지를 먹는다.

53. 당신은 집에서 점심 준비를 하고 있다. 그런데 반려견이 당신 곁에서 구걸한다. 이때 당신은 어떻게 해야 하는가?

A 더는 성가시게 굴지 않도록 반려견을 줄로 묶은 후 무시한다.

B 반려견이 다른 것에 몰두할 수 있도록 사료가 들어 있는 기능성 장난감을 준다.

C 준비하는 점심 일부를 반려견에게 준다.

D 반려견은 구걸이 허용되면 자신이 우위에 있다고 생각해 가족 조직 내에서 공격적으로 반응할 수도 있다. 따라서 반려견을 힘으로 제압한다.

54. 개는 조류의 뼈를 먹어도 되는가?

A 안 된다. 뼈뿐만 아니라 어떤 조류 부위도 먹어서는 안 된다.

B 안 된다. 위장에 상처를 낼 수 있기 때문이다.

C 안 된다. 뼈가 이빨 사이에 낄 수 있기 때문이다.

D 된다. 조류는 뼈도 쉽게 소화되기 때문이다.

55. 오늘 친구들이 당신의 집을 방문할 예정이다. 그중 한 친구가 여섯 살인 아들을 데리고 오는데, 그 아이가 개를 무서워한다고 한다. 당신은 어떻게 대처해야 하는가?

A 내 반려견은 어린이를 좋아하지 않으므로 아이에게 반려견을 만지지 말라고 한다.

B 내 반려견은 어린이를 좋아하지 않으므로 친구들이 집에 있는 동안 반려견을 다른 방에 두고 개껌에 몰두하게 한다.

C 내 반려견은 어린이와 잘 어울리므로 아이에게 무서워할 필요가 없다고 말한 후 함께 놀도록 내버려 둔다.

D 내 반려견은 어린이와 잘 어울린다. 우선 친구들과 인사를 나눌 때는 반려견을 목줄로 묶어서 붙잡는다. 그런 후 친구와 아이에게 반려견을 다른 방에 둘지 아니면 반려견과 접촉할지에 대해 의견을 물어본다. 후자를 원한다면 아이에게 반려견과 접촉할 방법을 알려 준다.

56. 어린이가 개를 만났을 때 전형적으로 저지르는 실수는 무엇인가?

A 개의 눈을 뚫어지게 쳐다보는 것

B 개를 바라보지 않는 것

C 두 팔을 위로 들거나 소리를 지르거나 도망치는 것

D 개의 머리를 쓰다듬는 것

57. 어린이와 반려견이 갈등 없이 공동생활을 할 수 있는 것은 나이와 상관이 있는가?

A 어린이의 나이와 상관이 있다. 반려견은 강아지 때 특정 나이의 어린이와 사회화가 되면 어린이들과 잘 지낸다.

B 상관이 없다. 반려견은 어떠한 상황에서도 자신이 어린이보다 서열이 낮다고 생각하기 때문이다.

C 그럴 수도 있다. 성숙한 청소년은 많은 반려견에게 어른으로 분류되기 때문이다.

D 반려견의 나이와 상관이 있다. 나이가 든 반려견은 어린이 때문에 정신을 못 차리는 일이 없다. 하지만 강아지는 어린이가 뛰어다니거나 소란을 피우면 장난으로 입질할 수 있다.

58. 개의 가축화 과정에서 근원이 되는 동물은 무엇인가?

A 황금자칼

B 늑대

C 코요테

D 딩고

59. 반려견을 데리고 자동차에 탄 상태에서 사고가 나면 무슨 일이 발생할 수 있는가?

A 대부분 반려견은 차 안에서 누워 있으므로 심각한 상황이 발생할 수 없다.

B 반려견을 안전하게 운송해야 한다는 법 조항 때문에 견주가 고발당할 수 있다.

C 차에 탄 모든 사람과 반려견이 크게 다칠 수 있다.

D 사고 원인과 상관없이 운전사에게 과실을 부여할 수 있다.

60. 중성화 수술을 한 암컷 개에게는 어떤 변화가 생기는가?

A 간혹 털의 상태가 변한다.

B 항상 뚱뚱해진다.

C 일부는 요실금에 걸린다.

D 공격적으로 변한다.

61. 반려견이 어린이를 대상으로 사회화할 때 주의해야 할 점은 무엇인가?

A 강아지 때는 다양한 연령의 어린이들과 자주 긍정적 접촉을 해야 한다.

B 멀리에서 어린이를 바라보기만 해야 한다.

C 어린이와 한 번만 접촉해도 충분하다.

D 어린이들은 항상 거칠게 행동하므로 강아지는 어린이들로부터 엄격하게 보호해야 한다.

62. 반려견은 모두 똑같은가 아니면 품종마다 특성이 있는가?

A 반려견은 모두 똑같은 특성이 있다.

B 반려견은 특정 품종의 교배 목적에 따라서 다양한 기질을 보인다.

C 반려견은 외형만으로 구분할 수 있다.

D 반려견은 품종에 따른 특성이 없다. 하지만 몸의 크기에 따라 '어린이에게 우호적인', '위험한', '훈련하기 쉬운' 등의 특성을 명백하게 분류할 수 있다.

63. 낯선 반려견이 당신과 아이를 덮칠 듯이 달려온다. 이때 당신은 어떻게 행동해야 하는가?

A 아이를 들어 올릴 수 있으면 들어 올리고, 안 되면 반려견과 아이 사이에 서서 아이를 보호한다. 그리고 반려견이 앞발

을 들고 뛰거나 입질하는 것을 부추기지 않기 위해 조용히 서 있는다.

B 반려견에게 시선을 고정하고, 반려견을 쫓아내기 위해 노력한다.

C 아이에게 모든 반려견은 착해서 겁먹을 필요가 없다고 설명하고, 아이가 반려견의 머리를 만질 수 있도록 해 준다.

D 두 팔을 높이 들고 반려견을 향해 소리를 지른다.

64. 반려견에게 적당한 체벌이 있는가?

A 상황이 된다면 무시하는 것이다.

B 소리를 지르면서 신문으로 살짝 때리는 것이다.

C 손으로 엉덩이를 찰싹 때리는 것이다.

D 없다.

65. 반려견이 산책한 이후에 자동차에 올라타는 것을 주저한다. 그 이유는 무엇인가?

A 더 오래 산책하고 싶어서다.

B 차에 올라탈 때 통증을 느끼기 때문이다.

C 자동차 타는 것을 좋아하지 않기 때문이다.

D 자신과 견주 중에 누가 리더인지 시험해 보기 위해서다.

66. 어린이가 낯선 반려견을 만났을 때 주의해야 할 점은 무엇인가?

A 반려견을 뚫어지게 보거나 말을 걸지 말고 반려견이 편안하게 느낄 정도의 거리에서 지나쳐야 한다. 만약 반려견이 어린이에게 다가오면 어린이는 조용히 서 있어야 하고, 반려견을 계속 쳐다보지 말아야 한다.

B 견주에게 반려견이 착한지, 반려견을 만져도 괜찮은지 물

어봐야 한다.

C 반려견을 무서워하지 않는다는 것을 증명하기 위해 빠른 걸음으로 다가가서 반려견을 만져야 한다.

D 조심스럽게 반려견에게 다가가서 반려견의 뒤에서 등을 잠깐 쓰다듬어야 한다. 이는 반려견이 옆을 지나갈 때도 마찬가지다.

67. 반려견과 산책하는데 갑자기 낯선 반려견이 다가와 당신의 반려견을 향해 으르렁거린다. 이때 당신은 어떻게 해야 하는가?

A 조용히 물러서면서 내 반려견을 불러들인다. 그러고는 위험한 범위 내에서 빨리 벗어난다.

B 낯선 반려견이 더 가까이 다가오면 그 반려견을 때린다.

C 낯선 반려견에게 물리지 않도록 내 반려견을 재빠르게 들어올린다.

D 가만히 서 있는다. 반려견들은 이 상황을 싸움으로 해결하려고 할 것이다. 이것은 정상적인 행동이므로 반려견들에게 시간을 준다.

68. 반려견과 어린이의 놀이 중에서 갈등이 적게 발생하는 놀이는 무엇인가?

A 줄을 이용해 밀고 당기기

B 어린이가 공이나 장난감을 던지면 반려견이 가지고 오기

C 숨겨 놓은 먹이 찾기

D 격렬한 싸움과 사냥 놀이

69. 중성화하지 않은 수컷 반려견과 산책하다가 배란기의 암컷 반려견을 만나면 어떻게 해야 하는가?

A 암컷 반려견은 줄에 묶여서 다니므로 수컷 반려견은 마음껏 돌아다녀도 된다.

B 암컷 반려견이 생리하고 있지 않다면 수컷 반려견은 원하는 만큼 암컷 반려견과 뛰어놀아도 된다.

C 암컷 반려견의 견주에게 배란기의 암컷 반려견을 데리고 산책하면 안 된다고 설명한다.

D 수컷 반려견을 불러서 줄을 묶어야 한다. 수컷이 암컷을 쫓아가지 않을 것이라고 확신이 들면 줄을 풀어 준다.

70. 반려견을 입양하기 전에 고려해야 할 사항은 무엇인가?

A 현재 거주 상황에서 반려견을 양육할 수 있는가?

B 반려견을 평생(12~15년) 잘 챙겨 줄 수 있는가?

C 입양하려는 품종의 특성이 내 생활 방식과 어울리는가?

D 높은 등급의 혈통서를 지닌 반려견인가?

71. 반려견은 어떻게 할수록 사람을 무리의 지휘자로 인정하게 되는가?

A 반려견을 애정 넘치게 대하고 양보를 많이 할수록

B 반려견을 대할 때 자신감(확신)을 가질수록

C 반려견이 관심을 보이는 것을 철저히 무시할수록

D 그 사람으로부터 음식을 자주 받을수록

72. 두 마리의 반려견을 키울 때 알아 두어야 할 점은 무엇인가?

A 산책을 두 배로 자주 나가야 한다.

B 훈련을 두 배로 많이 해야 한다.

C 용품, 의료비, 사료, 반려견 세금, 보험 등의 비용이 두 배로 든다.

D 두 마리의 반려견이 서로 원하지 않는 행동을 더 빨리 터득할 수 있다.

73. 풀어놓은 반려견을 불렀는데 견주에게 바로 돌아오지 않았다. 이 상황의 올바른 원인이나 대응책은 무엇인가?

A 반려견이 다른 곳에 집중하고 있어서 할 수 있는 것이 없다.

B 리콜 훈련이 충분히 이루어지지 않았다.

C 서열이 확실하게 정리되지 않아서다.

D 다음에는 꼭 성공하도록 반려견을 처벌한다.

74. 반려견의 사회화는 언제 마무리 지어야 하는가?

A 생후 8주 때

B 생후 12주 때

C 성적 성숙이 시작될 때

D 생후 한 살 때

75. 항상 착하던 당신의 반려견이 어느 날 갑자기 공격적인 행동을 보인다. 이때 당신은 어떻게 해야 하는가?

A 가능한 한 빨리 반려견을 수의사에게 데려가서 통증이나 다른 질병이 있는지 확인해야 한다.

B 반려견을 확실하고 신속하게 처벌해야 한다. 공격적인 행동은 초반에 고쳐야 하기 때문이다.

C 공격적인 행동은 정상이므로 그냥 둔다.

D 사료를 바꿔야 한다. 대부분 공격적인 행동은 너무 높은 단백질 함량 때문이다.

76. 강아지를 입양할 때 고려해야 할 점은 무엇인가?

A 충분한 시간(제일 좋은 것은 휴가)을 내서 강아지를 챙길

수 있는지 따져 봐야 한다. 직장에 다닌다면 강아지를 직장에 데리고 가거나 다른 사람에게 맡겨야 한다.

B 좋은 성격과 유전성을 가졌는지 브리더에게 꼼꼼히 물어본다.

C 반드시 집에 정원이 있어야 한다. 그렇지 않으면 배변을 못 가리는 문제가 생길 수 있다.

D 내 생활 방식과 생활 환경에 강아지가 어울리는지 고려해야 한다.

77. 반려견이 동물 병원에 가면 무서워서 안절부절못하거나 으르렁거린다. 이때 반려견에게 위로하듯이 말을 건네는 것은 효과가 있는가?

A 그렇다. 다독이면서 말을 건네면 반려견은 빨리 진정된다.

B 아니다. 말을 거는 것은 도움이 안 될 뿐만 아니라 반려견은 그런 상황을 혼자 극복해야 한다.

C 아니다. 이와 같은 상황이 아닌, 반려견이 얌전하게 있고 으르렁거리지 않을 때만 칭찬하듯이 말을 건네야 한다.

D 아니다. 오히려 더는 그런 행동을 하지 않도록 반려견을 큰 소리로 혼내야 한다.

78. 반려견을 우리에서 양육할 때 준수해야 하는 법 규정이 있는가?

A 그렇다. 반려견의 어깨높이가 40cm 이상일 때만 우리에서 양육하는 것을 허용한다.

B 그렇다. 동물 보호법에 언급되어 있다.

C 아니다.

D 그렇다. 반려견은 1일 최대 2시간이 넘도록 혼자 우리 안에 있으면 안 된다.

79. 반려견 배상 의무 보험에 대한 설명으로 맞는 것은 무엇인가?

A 특별한 장점이 없으므로 돈 낭비다.

B 반려견에게 생길 수 있는 모든 손해에 대한 보험이므로 중요하다.

C 반려견을 자유롭게 뛰어놀게 하고 싶을 때만 필수 요소다.

D 독일에서는 의무적으로 가입해야 한다.

80. 암컷 반려견의 배란기는 어떻게 알 수 있는가?

A 설사한다.

B 질이 부어 있고 평소보다 소변을 자주 본다.

C 갑자기 집을 나가려고 하거나 견주에게 복종하지 않는다.

D 질에서 피가 나온다.

81. 반려견이 산책하다가 갑자기 낯선 사람에게 달려가서 앞발을 들고 뛰어오른다. 이때 당신은 어떻게 해야 하는가?

A 반려견의 이러한 행동은 제일 강한 공격성을 의미하므로 행동 치료 전문 수의사에게 조언을 구해야 한다.

B 낯선 사람에게 반려견을 쓰다듬지 말라고 부탁한다. 쓰다듬으면 반려견이 뛰어오르는 것을 통제하기 어렵기 때문이다.

C 반려견이 놀이를 요구하는 행동이므로 기뻐한다.

D 반려견을 최대한 빨리 줄로 묶는다. 그런 후 낯선 사람에게 사과하고, 혹시 다친 곳은 없는지 확인한다. 앞으로는 반려견을 미리 통제하고, 필요에 따라 훈련사에게 조언을 구한다.

82. 반려견의 스트레스 징후는 무엇인가?

A 먹을 것을 구걸한다(때에 따라 두드러지게 낑낑거리면서).

B 불안해하면서 숨을 헐떡인다.

C 털이 많이 빠지고 거칠어진다.

D 조용히 혼자서 물건을 씹는다.

83. 광견병은 어떻게 전염되는가?

A 특수 종의 모기 때문에

B 광견병에 걸린 동물의 침 때문에

C 광견병에 걸린 동물과의 접촉 때문에

D 여우의 대변에서 옮는 고용량의 바이러스 때문에

84. 독일에서 반려견의 중성화에 대한 설명으로 맞는 것은 무엇인가?

A 한 살이 넘었을 때부터 허용된다.

B 혈통서에 기입되지 않은 반려견들은 바로 중성화해야 한다.

C 기본적으로 금지되어 있다.

D 통제되지 않는 교배를 예방하거나 의학적인 이유로 허용된다.

85. 개는 사람의 몸짓과 언어에 주의를 기울이는가?

A 사람과 함께 살면서 성장한 개는 사람의 몸짓에 집중적으로 관심을 기울인다.

B 특수한 훈련을 했을 때만 주의를 기울인다.

C 사람이 어떻게 행동하든 개에게는 아무 의미가 없다.

D 개는 사람이 쓰는 단어에만 주의를 기울인다.

86. 개는 언제 공격적으로 반응하는가?

A 갑자기 붙잡히거나 피할 수 없을 때

B 먹는 중에 방해받을 때

C 동물 병원에서 통증을 유발하는 검사를 받거나 공포를 느낄 때

D 사람이 몸을 굽히고 개에게 시선을 고정할 때

87. 공포심이 많은 반려견을 훈련할 때 특히 유의해야 할 점이 있는가?

A 그렇다. 반려견은 긴장이 완화되고 공포를 느끼지 않을 때만 배울 수 있기 때문이다.

B 그렇다. 반려견이 위협적으로 느낄 수 있는 몸짓을 하지 말아야 한다.

C 그렇다. 겁이 많은 반려견은 훈련하지 않는 것이 좋다. 공포심 때문에 힘들어하기 때문이다.

D 아니다. 겁이 많은 반려견도 충분히 훈련할 수 있다.

88. 좋은 브리더는 어떻게 알아볼 수 있는가?

A 대체로 여러 종류의 품종을 교배하거나 소유하고 있다. 적어도 하나의 품종만 판매하지 않는다. 또한 깨끗하고 정리정돈이 잘된 우리 안에서 개들을 양육한다.

B 품종의 단점뿐만 아니라 좋은 정보를 주기 위해 노력한다.

C 특정 품종의 수요를 맞추기 위해 끊임없이 강아지를 생산한다.

D 강아지를 자신의 가족에 편입시키고, 모든 강아지를 구별할 수 있다. 또한 성장기에는 개체별로 다양한 일상과 환경을 제공해 준다.

89. 당신은 반려견과 산책하던 중 다른 견주와 반려견을 만났다. 그 견주는 자신의 반려견을 부르더니 줄을 묶었다. 이때 당신은 어떻게 해야 하는가?

A 똑같이 반려견을 리드 줄에 묶고, 미끼(간식이나 장난감)에 집중하도록 한다.

B 내 반려견은 다른 사람이나 반려견에게 친절하므로 계속 자유롭게 뛰어놀도록 한다.

C 반려견이 원하면 다른 반려견과 접촉할 수 있도록 줄을 길고 느슨하게 묶는다.

D 다른 반려견이 옆에 지나갈 때도 내 반려견이 나란히 걸어가는지 시험해 본다. 만약 허락 없이 내 옆에서 벗어나려고 하면 강하게 반려견의 엉덩이를 때린다.

90. 나이 든 반려견은 더는 훈련할 수 없는가?

A 그렇다. 나이 든 반려견은 전혀 배울 수 없다.

B 그렇다. 그래서 강아지 때부터 훈련해야 한다. 어릴 때부터 훈련해야 잘못된 습관이 들지 않기 때문이다.

C 아니다. 반려견은 평생 새로운 것을 학습할 수 있다.

D 그렇다. 반려견은 한 살이 넘으면 더는 아무것도 배울 수 없다.

91. 반려견에게 새로운 훈련 내용을 전달하는 데 필요한 것은 무엇인가?

A 사료밖에 없다.

B 반려견이 선호하고 충분히 보상할 수 있는 '일차적 강화 요인'이다. 간식, 장난감, 칭찬, 쓰다듬기 등을 예로 들 수 있다.

C 없다. 잘못된 행동을 처벌하지 않는 것만으로도 충분한 보

상이기 때문이다.

D 만져 주는 것이다. 보상의 효과뿐만 아니라 유대 관계도 강화하기 때문이다.

92. 반려견이 겁에 질렸다는 것을 알 수 있는 행동은 무엇인가?

A 시선을 마주친다.

B 몸을 작게 만들고 낮춘다.

C 꼬리를 다리 사이에 끼고 귀를 뒤로 납작하게 한다.

D 몸 상태를 낮추어 소변을 본다.

93. 반려견을 데리고 자동차를 탈 때 유의할 점은 무엇인가?

A 플렌스부르크에서는 반려견에게 안전장치를 안 하고 자동차를 타면 벌금을 내고 벌점을 받게 된다.

B 반려견은 트렁크에 넣어야 한다.

C 반려견에게 안전장치를 한 후 자동차에 타야 한다. 안전 시험을 통과한 반려견 전용 안전띠나 단단한 창살로 분리된 뒷좌석, 이동장 등이 필요하다.

D 반려견은 조수석에 탑승해야 한다. 조수석이 자동차 안에서 제일 안전한 좌석이기 때문이다.

94. 반려견을 훈련할 때 주기적으로 강하게 처벌하면 어떤 일이 벌어질 수 있는가?

A 반려견이 얌전히 있어야 하는 것을 빨리 배우고, 앞으로 지시하는 것을 확실하게 실시한다.

B 반려견이 소심해지거나 불안을 자주 느낄 수 있다.

C 상황에 따라서 반려견이 공격적으로 변할 수 있다.

D 심각한 상황은 절대 생기지 않는다. 반려견은 자신이 무엇 때문에 처벌받는지 이해하면 몹시 기뻐하며 훈련을 받기

때문이다.

95. 강아지를 오랜 기간 우리에서 양육하면 강아지의 성격 발달에 어떤 영향을 미치는가?

A 혼자 있는 것에 순응해 수월하게 훈련할 수 있다.

B 사회적 행동에 결핍이 생겨 고통을 받는다.

C 집 안에서 대소변을 가리는 훈련을 할 때 문제가 생길 수 있다.

D 밖에서만 양육된 강아지들보다 건강하고 활발하다.

96. 반려견과 견주가 좋은 관계라는 것을 알 수 있는 방법은 무엇인가?

A 반려견이 견주와 격하게 놀면서 종종 앞발을 들고 뛰어오른다.

B 반려견은 견주가 지시하는 것을 항상 재미있다고 느낀다.

C 유대 관계는 중요하지 않다. 반려견은 자신에게 먹을 것을 주는 사람에게 복종하기 때문이다.

D 반려견은 산책할 때 견주에게 집중하고, 견주의 시야나 접촉 범위 내에 머무른다. 견주는 적합한 방식으로 반려견을 양육한다.

97. 겁에 질린 반려견을 진정시키기 위해 말로 타이르거나 손으로 쓰다듬으면 어떤 일이 발생하는가?

A 반려견은 바로 진정하고 공포를 잊을 것이다.

B 공포가 긍정적인 감정으로 바뀌어서 자의식이 강해진다.

C 반려견의 공포를 더욱 심각하게 만들 수 있다. 견주가 반려견에게 갑자기 관심을 보이면 반려견 역시 긴장하기 때문이다.

D 견주의 행동이 약하다고 생각해서 공격적으로 반응할 수 있다.

98. 반려견이 바닥에 바짝 엎드려서 맞은편에서 오는 반려견에게 시선을 고정하고 있다. 이 행동은 무엇을 의미하는가?

A 피곤해서 다른 반려견이 오는 동안 잠시 쉬는 것이다.

B 습격을 시작하려고 하는 것이다. 이러한 습격은 장난일 수도 있고, 진지한 것일 수도 있다.

C 복종(약자)을 나타내는 행동이다.

D 다른 반려견과는 상관없이 강한 복통이 생겨서 그런 것이다.

99. 반려견이 혼자 있는 것을 배우는 가장 좋은 방식은 무엇인가?

A 반려견은 생후 반년까지는 절대 혼자 있어서는 안 된다. 이 기간까지 24시간 함께 있어 준다면 그 이후에는 혼자 있어도 괜찮다.

B 강아지 때부터 짧게 혼자 있는 훈련을 시작하면 좋다.

C 반려견이 단계별로 상황에 적응할 수 있도록 도와준다.

D 반려견들은 스스로 혼자 있는 것을 배울 수 있다.

100. 반려견이 자동차 옆에서 나란히 뛰어가는 것을 허용해도 되는가?

A 너무 급할 때만 예외적으로 허용한다.

B 도시에서는 금지되어 있으므로 시골 농로에서만 허용한다.

C 교통 준수법에 의해 일반적으로 금지되어 있다.

D 반려견이 천천히 적응한다면 허용한다.

101. 낯선 어린이가 당신의 반려견을 만지도록 허락해도 되는가?

A 어린이가 초등학생이라면 허락해도 된다.

B 반려견이 어린이를 호의적으로 대한다면 허락해도 된다. 하지만 상황 통제는 해야 한다. 만약 반려견이 긴장한 상태로 반응한다면 즉시 어린이와의 접촉을 막아야 한다.

C 그렇다. 이러한 기회에 어린이들이 반려견을 어떻게 대하는지 알 수 있기 때문이다. 어린이가 원하는 만큼 반려견을 쓰다듬고 안을 수 있도록 반려견을 꽉 붙잡고 있는다.

D 아니다. 반려견이 어린이를 물 수도 있으므로 어린이와의 접촉을 막아야 한다.

102. 반려견이 집에 혼자 있을 때 물건을 부수는 이유는 무엇인가?

A 지루하기 때문이다.

B 자신을 데리고 나가지 않은 것에 대한 복수다.

C 분리 불안에 시달리기 때문이다.

D 간지러움이나 배고픔에 시달리기 때문이다.

103. 생고기를 굽지 않고 반려견에게 주면 반려견은 공격적으로 변하는가?

A 그렇다. 생고기에는 단백질 성분이 많기 때문이다.

B 아니다. 공격적인 성향과 음식은 아무 상관이 없다.

C 아니다. 반려견이 만족하면 공격적인 행동을 할 이유가 없다.

D 그렇다. 반려견은 계속 생고기를 요구할 것이다.

104. 기본 접종을 모두 한 반려견은 광견병 예방 접종을 얼마나 자주 해야 하는가?

A 구충하기 전, 최소 1년에 네 번은 해야 한다.

B 6개월에 한 번씩은 해야 한다.

C 기본 접종을 했으므로 더는 예방 접종이 필요 없다.

D 접종 약을 제조하는 회사에 따라 다르다. 해외여행을 할 때는 상황에 따라 다른 주기로 접종해야 할 수도 있다.

105. 반려견은 죄책감을 느낄 수 있는가?

A 그렇다. 반려견은 굉장히 똑똑해서 옳고 그름을 알고 있기 때문이다.

B 아니다. 반려견은 견주와의 부정적인 연결을 형성해 본능적으로 겸손함과 공포심을 몸으로 표현하는 것이다. 견주를 진정시켜야 하기 때문이다.

C 아니다. 반려견에게는 선과 악이 없기 때문이다.

D 그렇다. 하지만 반려견의 행동이 최대 2시간 이내에 이루어졌을 때만 해당한다. 2시간이 넘어가면 반려견은 무엇 때문인지 알아채지 못하기 때문이다.

106. 반려견을 집에 두고 외출하는데 반려견이 집 안에서 짖거나 낑낑거리면 어떻게 반응해야 하는가?

A 문제가 없으므로 그냥 두고 외출한다.

B 즉시 돌아가서 반려견을 혼낸다.

C 분리 불안 문제일 수도 있으므로 행동 치료 전문 수의사에게 조언을 구한다.

D 반려견이 짖는 것을 잠시 멈추면 집 안으로 들어간다. 이때 반려견에게 강한 관심을 표현하지 않는다. 그러고는 반려견이 혼자 있는 것에 적응할 수 있는 특별한 훈련이 있는지

곰곰이 생각해 본다.

107. 반려견이 배변을 가리지 못하면 어떻게 행동해야 하는가?

A 배변한 장소에 반려견을 데려가 대변을 가리키면서 큰소리로 혼낸다.

B 반려견을 배변한 장소에 데려가서 반려견의 코 가까이에 대변이 닿도록 반려견을 힘껏 누른다.

C 화내지 않도록 노력한다. 반려견이 참을 수 없을 만큼 오랫동안 혼자 내버려졌을지도 모르기 때문이다.

D 아무 말 없이 대변을 치운다.

108. 강아지가 무는 힘을 조절하는 것은 선천적인 행동인가?

A 아니다. 비슷한 연령대의 강아지들이나 사람에게 배우는 것이다.

B 그렇다. 그렇지 않다면 강아지는 다른 강아지를 심하게 다치게 할 수도 있을 것이다.

C 그렇다. 그렇지 않다면 사람과 접촉할 때 사람을 무분별하게 물 수도 있을 것이다.

D 그렇다. 하지만 일부 품종은 무는 힘 조절력이 없다.

109. 반려견에게 보상을 제공할 때 유의할 점은 무엇인가?

A 최대 2초 이내에 보상해야 한다.

B 반려견이 동기를 부여하거나 집중할 수 있는 보상을 선택해야 한다.

C 간식(사료) 보상은 적절하지 않다. 반려견이 구걸하는 것을 유도할 수 있기 때문이다.

D 반려견이 지시를 잘 수행했을 때마다 보상해 주고, 시간이 지난 후에는 가끔 보상해 준다.

110. 독일에서 자주 발견되는 기생충은 무엇인가?

A 모낭충이나 옴진드기

B 벼룩

C 참진드기

D 심장 사상충

111. 반려견을 처벌할 때 견주에 대한 신뢰를 잃는 일을 피하려면 어떻게 해야 하는가?

A 처벌로 무관심을 사용할 때는 반려견의 행동이 자신에게 보상하는 것이 아니어야 한다.

B 물총을 쏘는 것과 같은 처벌을 줄 때는 동시에 큰소리로 혼내야 한다. 반려견은 무엇 때문에 자신이 물을 맞는지 이해하지 못하기 때문이다.

C 물총을 쏘는 것과 같이 누가 처벌하는지 모르게 간접적으로 처벌한다.

D 목덜미를 잡아 흔들면서 큰소리로 혼내야 한다. 모견도 이러한 방식으로 강아지를 혼내기 때문이다.

112. 반려견이 사람의 지도 능력을 의심할 때 하는 행동은 무엇인가?

A 줄에 묶여 있으면 계속 짖는다. 사람의 지도 능력이 의심될 때 줄에 묶여 있으면 부당한 제약이라고 느끼기 때문이다.

B 무엇으로 놀지 스스로 결정하려고 한다.

C 산책할 때 사람을 통제하기 위해 사람의 뒤에서 걸어가려고 한다.

D 기회가 있을 때마다 배회하거나 가출하려고 한다.

113. 반려견이 특정 행동을 할 때 먹을 것으로 보상하면 무슨 일이 생기는가?

A 반려견이 그 행동을 다시 하기 위해 대기할 가능성이 높다.

B 반려견은 앞으로 먹을 것이 보일 때만 그 행동을 하려고 할 것이다.

C 반려견의 몸무게가 증가하는 것 외에는 아무 일도 생기지 않는다.

D 당신에게서 먹을 것을 얻을 수 있다고 파악한 순간, 반려견은 당신을 무리의 지도자로 진지하게 생각하지 않을 것이다.

114. 반려견들은 여러 가지 특권으로 서열을 측정한다. 반려견들의 서열에서 가장 중요한 것은 무엇인가?

A 어떤 상황에서든 관심(장난감, 사료, 애정 등)을 받는 것

B 매일 여러 차례 산책을 데리고 나가는 것

C 안락하고 높은 곳에 잠자리가 있는 것

D 사료에 자유롭게 접근할 수 있는 것

115. 반려견을 훈련할 때 전기 충격기를 사용하면 효과가 있는가?

A 그렇다. 훈련 성공에 꼭 필요한 방법이기 때문이다.

B 그렇다. 전기 충격을 받으면 하고 싶은 것을 더는 하지 못한다는 것을 알 수 있기 때문이다.

C 아니다. 공포가 모든 행동과 연관될 위험이 크다.

D 아니다. 독일에서는 전기 충격기 사용이 금지되었다.

116. 다음 중 반려견을 훈련할 때 도움이 되는 물품은 무엇인가?

A　목줄과 목걸이 또는 리드 줄과 가슴 줄

B　전기 충격기

C　젠틀 리더

D　훈련용 벨트

117. 다음 중 반려견을 훈련할 때 동물 보호법에 반하는 물품은 무엇인가?

A　뾰족한 목걸이

B　젠틀 리더

C　전기 충격기

D　클리커

118. 어떻게 하면 반려견이 당신에게 오도록 할 수 있는가?

A　바닥에 주저앉아 반려견이 오도록 유인한다.

B　오라고 하는 것은 의무이므로 단호한 목소리로 반려견을 부른다.

C　반려견으로부터 멀리 달아나면서 반려견을 부른다.

D　반려견이 보지 않을 때 반려견의 엉덩이에 가벼운 물건을 던져 놀라게 한다. 이를 통해 반려견이 당신 근처에서만 안전하다고 생각하도록 만든다.

119. 젠틀 리더란 무엇인가?

A　무는 것을 확실하게 예방하는 특별한 입마개다.

B　반려견의 주둥이를 감싸서 안전하게 인도하는 줄이다.

C　리드 줄을 넣어 두는 자그마한 주머니다.

D　반려견이 자전거 옆에서 나란히 달릴 수 있도록 하는 장치다.

120. '강아지 보호'란 무엇인가?

A 강아지는 모견과 떨어져서 혼자 있어서는 안 된다.

B 강아지는 생후 8주까지 성견에게 물리면 안 된다.

C 강아지는 절대 심하게 체벌하면 안 된다.

D 강아지 보호라는 것은 없다. 강아지는 겸손한 태도와 상대를 진정시키는 행동을 통해 자신을 보호한다.

121. 반려견과의 공동생활에서 문제가 생겼을 때는 누구와 상담하는 것이 좋은가?

A 행동 치료 전문 수의사

B 브리더나 똑같은 품종을 키우는 다른 견주

C 비슷한 문제를 잘 해결한 다른 견주

D 문제 행동에 대한 특수 교육을 이수하고 최신 경험이 많은 훈련사

122. 젠틀 리더는 목걸이나 가슴 줄과 비교했을 때 장점이 있는가?

A 없다. 오히려 코나 목뼈가 손상할 위험이 매우 크다.

B 있다. 반려견의 머리를 조정하고 통제할 수 있다.

C 있다. 사람과 반려견 사이에서 사람에게로 힘이 기울어지게 한다.

D 없다. 오히려 줄을 당기는 훈련이 어렵다.

123. 반려견에게 뾰족한 목걸이를 해 주는 것은 위험한가?

A 연결을 잘못하면 반려견이 공격적으로 변할 수도 있다.

B 제대로 사용하면 위험하지 않다.

C 통증을 유발해서 반려견이 스트레스를 받게 된다.

D 반려견이 상해를 입을 수도 있다.

124. 다른 사람을 향해 앞발을 들고 뛰지 않도록 반려견을 훈련하는 이유는 무엇인가?

A 반려견이 뛰어오르는 것은 기쁨의 표현이므로 공격성과는 관련이 없다. 따라서 훈련할 필요가 없다.

B 반려견이 뛰어오르면서 다른 사람의 옷을 더럽히거나 찢을 수 있기 때문이다.

C 다른 사람을 놀라게 할 수 있기 때문이다.

D 다른 사람에 대한 배려이기 때문이다.

125. 잔디밭에서는 반려견을 어떻게 해야 하는가?

A 마음껏 뛰어놀 수 있게 한다.

B 확실한 통제 아래에서 자유롭게 놀도록 한다.

C 다른 반려견과 뛰어놀 수 있게 한다.

D 잔디밭에서는 복종 훈련을 할 필요가 없으므로 반려견을 불러들이지 않는다.

126. 반려견을 처벌하면 견주와 반려견 사이의 신뢰가 무너지는가?

A 겁이 많은 반려견에게만 그렇다.

B 그렇다. 반려견 입장에서 처벌이 부조리하다고 느끼면 신뢰가 무너질 수 있다.

C 그렇다. 견주의 언행이 불일치하고 변덕스러우면 신뢰가 무너질 수 있다.

D 아니다. 좋은 관계를 유지해 왔다면 절대 신뢰가 무너지지 않는다.

127. 줄에 묶인 두 마리의 반려견이 접촉을 시도하면 문제가 생길 수 있는가?

A 그렇다. 줄에 묶여 있는 반려견은 피할 수가 없어서 종종 불안해하고 공격적으로 반응하기 때문이다.
B 그렇다. 반려견들이 서로의 주변을 뛰어다니다 보면 줄이 엉킬 수 있다. 이럴 때 싸우게 되면 싸움을 멈추는 것이 어렵다.
C 그렇다. 반려견은 줄에 묶여 있을 때 자신이 더욱 강하다고 느껴서 종종 싸움에 휘말린다.
D 아니다. 줄은 반려견의 행동에 어떤 영향도 끼치지 않는다.

128. 반려견을 줄로 묶어야 하는 곳은 어디인가?

A 가게나 식당
B 복도와 아파트 입구
C 시내와 교통이 복잡한 거리
D 다른 반려견이 한 마리도 없는 반려견 놀이터

129. 강아지는 정원에서 양육하는 것이 좋은가?

A 그렇다. 정원은 환경이 좋으므로 강아지의 면역력이 강해진다.
B 아니다. 집 안에서의 삶을 경험할 수 없기 때문이다.
C 강아지를 어디에서 키우느냐보다 얼마나 많은 것을 제공해 주느냐가 중요하다. 강아지는 항상 사람, 주변의 자극(예: 교통), 다른 반려견 등과 접촉해야 한다.
D 정원에는 여러 가지 병원체가 존재하므로 강아지가 생후 12주가 될 때까지는 절대 밖에서 키우면 안 된다.

130. 반려견에게 특별한 사전 훈련 없이는 묵인되지 않는 행동은 무엇인가?

A 반려견에게 줄을 매기 위해 등 위에서 붙잡는 행동

B 반려견을 옆으로 미는 행동

C 반려견이 공을 가지고 와서 놀고 싶어 하는 것을 무시하는 행동

D 반려견이 눕는 바닥에 방석을 놓고 눕는 행동

131. 반려견이 어떤 명령을 실행해 받은 보상을 확실하게 자신의 행동과 연결 지으려면 얼마의 시간 내에 보상해야 하는가?

A 최대 2초가 지나면 안 된다.

B 5초 내로 보상해야 한다.

C 반려견이 훈련을 이해했는지 아닌지는 보상하는 시간과 상관없다. 이는 간식이 얼마나 맛있느냐에 달려 있다.

D 반려견은 무엇을 잘했는지 눈치챌 수 있으므로 몇 분 내로 보상하면 된다.

132. 당신의 반려견이 다른 반려견과 싸우면 어떻게 해야 하는가?

A "그만!"이라고 소리를 지르며 반려견을 때린다.

B 용감하게 무리의 중심으로 들어가 내 반려견을 붙잡는다.

C 반려견들은 싸우면서 크므로 내버려 둔다. 반려견들 역시 사람의 도움을 달가워하지 않는다.

D 싸움이 잠잠해지면 내 반려견을 불러들여서 줄을 묶는다. 다른 반려견도 줄에 묶였다면 그 견주와 어떻게 해야 좋을지 이야기한다. 치료가 필요한 반려견이 있는지도 확인한다.

133. 반려견을 줄에 묶지 않은 채 산책하는데 조깅하는 사람이 맞은편에서 달려오고 있다. 이때 당신은 어떻게 해야 하

는가?

A 조깅하는 사람에게 반려견이 뒤따라 달리지 않도록 최대한 천천히 달리라고 부탁한다.

B 반려견을 불러 줄을 채우고, 반려견이 조깅하는 사람을 뒤따르지 않을 거라는 확신이 들면 다시 줄을 푼다.

C 조깅하는 사람의 옆이나 바로 뒤에서 잠시 달린다. 이렇게 하면 반려견이 나에게만 집중하므로 조깅하는 사람을 뒤따르지 않는다.

D 반려견이 조깅하는 사람을 뒤따라가도 그 사람을 귀찮게 하거나 물지는 않을 것이다. 따라서 대처해야 할 것이 없다.

134. 반려견의 대변을 치우는 것은 누구의 책임인가?

A 반려견 양육에 대한 세금을 냈으므로 지자체 사람들이 치워야 한다.

B 견주나 반려견을 안내하는 사람이 치워야 한다.

C 누구든 길을 가다가 반려견의 대변을 보면 즉시 치워야 한다.

D 누구의 책임도 아니다. 반려견의 대변은 자연스러운 것이므로 치울 필요가 없다.

135. 사람이 많고 복잡한 거리에서 한 부부가 반려견을 데리고 맞은편에서 다가오고 있다. 그 반려견은 플렉시 리드줄을 하고 있다. 반려견과 함께 있는 당신은 어떻게 해야 하는가?

A 지시어나 간식을 이용해 내 반려견이 나에게 집중하도록 한 후 빠르게 상대 반려견 곁을 지나간다.

B 내 반려견의 줄을 풀어 준다.

C 내 반려견의 줄을 느슨하게 한 후 상대 반려견에게 다가

간다.

D 내 반려견을 내 쪽으로 당겨 질질 끌면서 상대 반려견 곁을 지나간다.

136. 저 멀리에 넥칼라를 한 반려견이 견주와 함께 있다. 활발한 반려견과 함께 있는 당신은 어떻게 해야 하는가?

A 내 반려견은 항상 놀고 싶어 하므로 다른 반려견에게 뛰어가도록 허락한다.

B 내 반려견에게 리드 줄을 하고, 나에게 집중하게 하거나 간식을 이용해 시선을 돌리고 지나간다.

C 반려견에게 사회적 접촉은 매우 중요하므로 다른 반려견에게 뛰어가도록 내버려 둔다. 내 반려견이 다른 반려견에게 뛰어오르려고 할 때만 불러들인다.

D 신속히 내 반려견의 목에 줄을 여러 번 감아서 다른 반려견이 하고 있는 넥칼라와 최대한 비슷하게 보이도록 한다. 반려견들은 비슷한 상황에서 서로를 이해할 수 있기 때문이다. 그런 후 다른 반려견에게 뛰어가도록 허락한다.

137. 당신은 반려견과 좁은 거리에서 산책하고 있다. 그때 한 가족이 맞은편에서 다가온다. 다섯 살과 열 살인 아이들이 당신에게 뛰어와 반려견을 만져도 되는지 물어본다. 당신은 어떻게 해야 하는가?

A 내 반려견은 침착하게 아이들을 대하므로 차례대로 한 명씩 반려견의 목을 부드럽게 만지도록 한다.

B 내 반려견은 아이들과 친하지 않지만 긴장하지 않고 호기심이 많다. 따라서 아이들에게 차례대로 한 명씩 부드럽게 턱과 목을 만져도 된다고 말한다. 그리고는 반려견에게 맛있는 간식을 계속 제공해 반려견의 입이 내 몸과 가깝고,

위쪽을 향하도록 한다.

C 내 반려견은 겁이 많고 아이들과 친하지도 않다. 그렇지만 아이들이 반려견에게 관심을 보이는 것은 기쁜 일이므로 아이들이 반려견을 만지도록 허락한다. 이를 통해 내 반려견은 아이들이 아무런 해를 끼치지 않는다는 것을 배울 수 있다.

D 내 반려견은 아이들과 어느 정도 친하다. 따라서 아이들이 반려견의 머리와 등을 쓰다듬도록 하고, 애정을 담아 반려견을 포옹하도록 허락한다.

138. 당신은 줄을 채우지 않은 반려견을 데리고 공원에 소풍 온 아이들 옆을 지나가야 한다. 이때 당신은 어떻게 행동해야 하는가?

A 아이들에게 먹고 있는 음식을 빨리 감추라고 큰 소리로 말한다.

B 반려견에게 줄을 채운다. 반려견 때문에 아이들이 곤경에 빠지거나 공포를 느끼면 안 되기 때문이다.

C 반려견에 대한 믿음이 있으므로 아이들에게 뛰어가도록 내버려 둔다.

D 공원에서 음식을 먹는 것은 금지되어 있으므로 아이들을 내쫓는다.

139. 반려견이 공포를 느끼는 원인은 무엇인가?

A 강아지 때 겪은 나쁜 경험들

B 사회화 결핍 등 강아지 때 부족했던 경험들

C 중증 질환들

D 충격적이면서 부정적인 경험들

140. 반려견을 특정 장소에서만 계속 훈련한다면 어떻게 될까?

A 다른 장소에서 훈련하려 하지 않거나 똑같이 실행하지 않을 것이다.

B 어디에서든 지시를 잘 실행할 것이다. 훈련은 특정 장소와 연관된 것이 아니기 때문이다.

C 그 장소에서는 지시를 수행하도록 간식으로 보상하는 것이 더는 필요하지 않을 것이다.

D 반려견이 삶을 지루하다고 느낄 것이다.

141. 반려견과 산책하는데 맞은편에서 다가오던 견주가 당신의 반려견을 보더니 자신의 반려견을 안아서 들어 올린다. 이때 당신은 어떻게 해야 하는가?

A 다른 견주에게 내 반려견은 착하므로 안고 있는 반려견을 내려놓아도 된다고 말한다.

B 내 반려견을 불러서 목줄을 한다. 그러고는 다른 견주와 반려견이 지나갈 때 내 반려견이 그 사람의 냄새를 맡거나 뛰어오르지 않도록 조심한다.

C 내 반려견은 다른 사람이나 반려견에게 호의적이므로 다가오는 견주에게 뛰어가도록 허락한다.

D 나도 내 반려견을 들어 올린다.

142. 강아지가 다양한 환경의 자극에 노출되는 것은 나쁜가?

A 아니다. 강아지가 다양한 자극을 긍정적으로 경험한다면 나중에 불안하지 않은 반려견이 될 것이다.

B 강아지에게 적합하고 긍정적인 경험일 때는 나쁘지 않다. 하지만 부정적인 경험에서 오는 과도한 자극은 나쁠 수 있다.

C 아니다. 강아지 때 겪는 긍정적인 경험은 뇌가 이상적으로

발달하는 데 필요한 요소다.

D 그렇다. 강아지 때 너무 많은 것을 배우면 항상 초조하고 활동적이어서 양육하기가 어렵다.

143. 반려견들과 아이들 간에 문제가 생기는 요인은 무엇인가?

A 아이들은 반려견들을 특정 상황에 놓이게끔 압박하면서 논다. 이것이 반려견들을 불편하게 한다.

B 아이들과 반려견들 사이에는 문제가 없다. 비슷하게 놀아서 서로를 잘 이해하기 때문이다.

C 아이들은 반려견들의 행동을 잘못 이해하거나 해석하기 쉽다. 그래서 반려견들의 시각에서 적당하지 못한 행동을 할 수 있다.

D 아이들과 친하지 않은 반려견들은 아이들과 함께 있으면 스트레스에 시달린다. 이것이 공포나 공격 문제로 이어질 수 있다.

144. 당신의 반려견이 최근에 자신을 만지거나 다른 반려견들이 격하게 반기면 까칠하게 반응한다. 입질을 할 때도 있었지만 다치게 한 일은 아직 없었다. 이때 당신은 어떻게 해야 하는가?

A 내 반려견에게 통증이 있을 수도 있으므로 바로 수의사의 진단을 받도록 한다.

B 내 반려견을 강력하게 처벌한다.

C 내 반려견이 누구도 다치게 하지 않았으므로 그냥 둔다.

D 내 반려견이 공을 가지고 잘 놀고 잘 뛰어오르는지 시험해 본다. 노는 행동에 문제가 없으면 특정 사람이나 다른 반려견에 대한 혐오 때문에 그런 것으로 판단한다.

145. 반려견과 산책하는데 맞은편에서 오는 사람들이 당신의 반려견을 보고는 불편해한다. 이때 당신은 어떻게 해야 하는가?

A 산책하는 장소가 반려견이 다닐 수 있는 곳이고, 반려견이 얌전하게 있다면 아무것도 대처할 필요가 없다.

B 그 사람들에게 다가가 반려견이 매우 착하다고 말한다.

C 반려견을 때리면서 빨리 줄로 묶는다.

D 반려견을 불러들인 후 통제하면서 그 사람들 옆을 지나간다.

146. 반려견이 건강하게 보이더라도 반려견을 입양할 때는 수의사를 찾아가야 하는가?

A 그렇다. 수의사가 반려견의 건강 상태를 알고 있으면 좋다. 그래야 수의사가 반려견의 질병과 관련한 행동을 더 쉽게 분류할 수 있다. 그뿐만 아니라 수의사는 반려견이 예방접종이 다 되었는지 예방 접종증을 통해 검토할 수 있다.

B 그렇다. 반려견이 수의사와 동물 병원에 쉽게 적응할 수 있기 때문이다.

C 아니다. 돈 낭비에 불과하다.

D 아니다. 동물 병원을 방문하는 것은 반려견에게 항상 충격과 스트레스를 준다. 이러한 상황에서는 아직 안정되지 않은 견주와의 신뢰 관계가 깨지기 쉽다.

147. 반려견에게는 어느 정도의 운동량이 필요한가?

A 몸의 크기와 나이, 건강 상태에 따라 다르다.

B 반려견은 평안을 좋아하므로 많은 운동량이 필요 없다.

C 성장기 때 운동을 너무 많이 하면 관절이 손상된다.

D 사료량에 따라 다르다.

148. 젠틀 리더와 같은 특수 기능 줄로 특정 문제를 쉽게 제어 할 수 있는가?

A 그렇다. 공격적으로 무는 행동을 방지할 수 있다.

B 그렇다. 예를 들어 반려견이 리드 줄을 너무 당길 때 제어할 수 있다.

C 아니다. 젠틀 리더를 사용하는 것은 동물 보호법에 어긋난다.

D 아니다. 젠틀 리더는 그저 유행에 따른 것이다.

149. 반려견은 자신의 몸을 만지도록 허용하는 훈련을 받아야 하는가?

A 그렇다. 상호 간의 신뢰를 형성할 수 있기 때문이다.

B 그렇다. 나중에 반려견의 몸을 잘 관리해 줄 수 있기 때문이다.

C 그렇다. 많은 반려견이 접촉하면 긴장하므로 훈련을 통해 완화해야 한다.

D 아니다. 복종을 잘하는 반려견은 자신의 몸을 만지는 것을 문제 삼지 않는다.

150. 반려견을 훈련할 때 적당한 주기와 시간은 무엇인가?

A 하루에 한 번, 한 시간이 가장 좋다.

B 가능한 한 자주, 매번 짧게 한다. 그래야 반려견이 집중을 잘할 수 있기 때문이다.

C 매일 똑같은 시간에 훈련해야 한다. 훈련 시간은 반려견의 상태에 따라 조절한다.

D 하루를 기준으로 집에서 짧게 두 번, 산책할 때 한 번 훈련하는 것이 좋다. 그렇지 않으면 반려견이 큰 부담을 느낀다.

151. 반려견의 체온과 관련해서 올바른 설명은 무엇인가?

A 체온은 항문을 통해 잴 수 있다. 건강한 성견의 체온은 약 38℃다.

B 체온은 항문을 통해 잴 수 있다. 건강한 성견의 체온은 약 36℃다.

C 코가 차갑고 촉촉하면 열이 없는 것이다. 이럴 때는 별도로 체온을 잴 필요가 없다.

D 성견의 체온이 39.3℃를 넘으면 열이 있는 것이다.

152. 반려견 특성에 적합한 양육 중에서 매일 충족해 주어야 하는 것은 무엇인가?

A 반려견은 매일 몸이나 정신 모두 에너지 소모가 적당하게 이루어져야 한다.

B 반려견은 매일 여러 번 충분한 시간 동안 사람과 동종과의 사회적 접촉이 필요하다.

C 반려견은 가끔 사람이나 동종과 접촉해야 한다.

D 반려견은 튼튼하고 깨끗한 바닥과 보호막이 설치된 양육장에서 키워야 한다.

153. 독일에서 모든 반려견은 내장형 마이크로칩으로 표식해야 하는가?

A 아니다. 특정 반려견에게만 해당된다. 하지만 이를 통해 반려견을 항상 견주에게 귀속시킬 수 있고, 바꾸거나 위조할 수 없으므로 의미가 있다.

B 아니다. 비행기로 이동하는 반려견에게만 해당된다.

C 그렇다.

D 아니다. 이것과 관련한 법은 주마다 다르다.

154. 중성화 수술에 대한 설명으로 맞는 것은 무엇인가?

A 동물의 생식 능력을 없애는 것이다.

B 수컷은 고환을 없애는 것이고, 암컷은 불임으로 만드는 것이다.

C 고환과 난소, 그리고 때에 따라 자궁을 제거하는 것이다.

D 나팔관과 정관을 끊는 것이다.

155. 반려견에게 당신이 '무리의 지도자'임을 어떻게 증명할 수 있는가?

A 반려견에게 특정 시각에만 먹을 것을 준다.

B 반려견이 누워 있으면 항상 반려견 옆으로 비켜 가거나 반려견 위로 지나가도록 유의해야 한다. 무리의 지도자는 서열이 낮은 구성원들이 편안하게 휴식해서 건강한 상태를 유지할 수 있도록 돌봐야 하기 때문이다.

C 반려견이 놀기를 원하면 항상 놀아 줘야 한다. 무리를 지도하는 것은 친숙함과 관계가 있기 때문이다.

D 사회적 활동을 시작할 때는 반려견이 흥미를 잃기 전에 끝내는 것에 유의해야 한다.

156. 모든 반려견과 아이는 함께 두어도 되는가?

A 그렇다. 반려견은 자신이 속한 무리의 구성원을 절대 물지 않기 때문이다.

B 아니다. 열 살 이상 나이가 든 반려견만 함께 둘 수 있다. 이런 반려견은 항상 침착하고 여유가 있기 때문이다.

C 아니다. 언제든 심각한 상황이 생길 수 있기 때문이다.

D 아니다. 작은 반려견(대략 닥스훈트 크기 정도까지)만 함께 둘 수 있다.

157. 반려견과 산책하는데 어린이 놀이터를 지나가게 되었다. 당신은 어떻게 행동해야 하는가?

A 반려견이 그냥 지나가도록 내버려 둔다.

B 반려견에게 줄을 채워서 다른 사람들을 불편하거나 위험하게 만드는 일을 예방해야 한다.

C 어린이들이 없다면 놀이터에서 뛰어놀도록 반려견을 풀어 준다. 반려견은 모래 위에서 뛰는 것을 좋아하기 때문이다.

D 반려견은 어린이를 좋아하므로 같이 뛰어놀 어린이가 있는지 살펴본다.

158. 반려견을 처벌하면 문제가 생길 수 있는가?

A 그렇다. 반려견은 자신을 처벌한 사람에게 공포를 느낄 수 있다.

B 그렇다. 반려견은 위협을 당하거나 통증을 느끼면 공격적일 수 있다.

C 그렇다. 반려견은 가르쳐 주려고 했던 것과는 전혀 상관없는 다른 내용을 처벌과 연관 지을 수 있다.

D 아니다. 반려견은 항상 처벌을 이해하므로 특별한 문제가 생기지 않는다.

159. 반려견 훈련용 줄은 무엇인가?

A 썰매견이 썰매를 끌 때 사용하는 줄 같은 것이다.

B 시각 장애인 안내견이 몸에 걸치고 있는 손잡이 같은 것이다.

C 반려견의 겨드랑이 아래를 지나는 얇은 끈이다. 반려견이 줄을 당기면 끈이 수축해서 반려견에게 큰 통증을 준다. 이때 반려견은 줄을 당기는 것을 멈추게 된다.

D 목걸이와 줄이 합쳐진 것이다. 반려견이 줄을 강하게 당기면 목걸이가 조여진다.

160. 반려견과 산책하는데 맞은편에서 승마하는 사람이 오고 있다. 당신은 어떻게 할 것인가?

A 반려견을 즉시 불러서 승마하는 사람이 지나갈 때까지 줄을 채운다. 반려견이 말의 뒤를 쫓아가지 않을 것이라는 확신이 들면 줄을 다시 풀어 준다.

B 반려견이 예전에 본 적이 있는 말이라면 아무것도 대처할 필요가 없다.

C 천천히 승마하고 있다면 전혀 위험하지 않다. 이는 사냥 행동으로 유인되지 않기 때문이다.

D 일부 말은 반려견이 가까이 다가오면 두려워한다. 사고가 생길 수 있으므로 반려견을 불러서 통제해야 한다.

161. 암컷 개의 임신 기간은 얼마인가?

A 4개월

B 60~63일

C 10개월

D 품종에 따라서 3주~3개월

162. 암컷 개는 첫 번째 배란기에도 성공적으로 교배할 수 있는가?

A 그렇다.

B 아니다.

163. 대부분 암컷 개는 첫 번째 배란기를 언제 겪는가?

A 생후 18개월

B 생후 6~12개월

C 생후 첫 봄

D 강아지용 사료에서 성견용 사료로 전환했을 때

164. 반려견에게는 사료를 어떻게 제공해야 하는가?

A 반려견은 항상 어느 정도는 배고픔을 느껴야 한다. 그렇지 않으면 순종하지 않으려 한다.

B 사료 포장지에 적혀 있는 양만큼 주면 된다. 더불어 건강을 유지하기 위해 일주일에 하루는 금식해야 한다.

C 24시간 내내 사료를 제공한다. 반려견은 자기가 필요한 만큼만 먹기 때문이다.

D 너무 뚱뚱하지도 않고, 너무 마르지도 않은 몸을 유지할 수 있도록 필요한 양을 제공한다.

165. 교미 중인 개들을 발견하면 어떻게 해야 하는가?

A 최대한 빨리 개들에게 차가운 물을 부어서 교미를 중단시키고 임신을 방지해야 한다.

B 이미 과정이 진행되고 있으므로 더는 할 수 있는 것이 없다.

C 생식기에 심각한 상해를 입힐 수도 있으므로 개들을 절대 방해해서는 안 된다. 암컷 개의 임신을 원하지 않는다면 수의사와 상담하는 것이 좋다.

D 임신을 원하지 않는다면 최대한 빨리 수컷 개를 암컷 개로부터 떼어 내야 한다.

166. 반려견이 이틀 전부터 심하게 설사와 구토를 한다면 어떻게 해야 하는가?

A 생명을 위협하는 탈수를 겪을 수도 있으므로 얼른 수의사에게 데려간다.

B 힘을 낼 수 있도록 우유를 준다.

C 충분한 수분을 섭취하도록 도와준다. 상황에 따라서는 동물 병원에서 수액 치료를 받아야 할 수도 있다.

D 활성탄 알약을 주고, 온종일 끓인 쌀밥만 먹도록 한다.

167. 위 확장 및 염전은 반려견의 생명을 위협하는 질환이다. 다음 중 이 질환과 연관된 설명으로 옳은 것은 무엇인가?

A 주로 대형견이 잘 걸리는 질환이다.

B 반려견은 빠른 소화를 위해 사료를 먹고 난 후에는 뛰어다녀야 한다.

C 반려견은 사료를 먹고 난 직후에 휴식을 취해야 한다.

D 반려견은 하루에 한 번만 사료를 먹어야 한다.

168. 겁이 많은 반려견에게 입마개를 씌워도 되는가?

A 아니다. 겁이 많은 반려견은 어차피 물지 않으므로 입마개를 씌울 필요가 없다.

B 그렇다. 모든 반려견은 단계별로 입마개를 쓰는 것에 적응해야 한다. 그래야 실제로 필요한 상황에서 부담을 느끼지 않는다.

C 아니다. 더욱 큰 공포를 느끼기 때문이다.

D 그렇다. 특정 상황에서는 꼭 필요하다.

169. 공공장소에서 당신의 반려견이 다른 반려견에게 뛰어가도록 허락해도 되는가?

A 반려견 공원에서는 언제든 다른 반려견에게 뛰어가도 된다.

B 다른 견주들에게 반려견들의 접촉을 원하는지 확실히 물어보아야 한다.

C 길에서는 반려견들이 줄에 묶여 있을 때만 허락한다. 그렇

지 않으면 놀다가 차도로 뛰어들 수도 있기 때문이다.

D 길에서는 반려견을 줄에 묶지 않았거나 다른 반려견과 견주가 위협을 받는다고 느낄 때는 절대 허락하면 안 된다.

170. 반려견에게 주기적으로 광견병 예방 접종을 하는 것은 왜 중요한가?

A 독일에 있는 모든 대형견은 법에 따라 의무적으로 광견병 예방 접종을 받아야 하기 때문이다.

B 광견병은 사람에게도 전염될 수 있고, 언제나 죽음에 이르는 질병이기 때문이다.

C 광견병 예방 접종은 필요하지 않다. 이제 독일에서는 광견병이 발견되지 않기 때문이다.

D 광견병 예방 접종을 받은 반려견은 법에 따라 보호를 받기 때문이다. 이러한 반려견은 광견병이 의심되어도 바로 죽이지 않는다.

171. 아파트나 빌라 같은 공공주택에서 반려견을 양육해도 되는지 계약서에 언급되어 있지 않았다면 반려견을 입양해도 되는가?

A 그렇다. 하지만 어깨높이까지가 40cm 미만인 작은 반려견만 가능하다.

B 그렇다. 반려견 양육 금지는 별도로 계약서에 언급되어 있어야 한다.

C 아니다. 서면상으로 임대업자의 허락이 있어야 한다.

D 아니다. 서면상으로 다른 세입자들의 동의를 받아야 한다.

172. 상상 임신의 전형적인 징후는 무엇인가?

A 젖꼭지가 부어오르고, 모유가 나오기도 한다.

B 다른 암컷들이 가까이 오는 것을 못 참고, 접촉이 있을 때마다 입질로 쫓아내려고 한다.
C 장난감을 여기저기 가지고 다니며 보호하려고 한다.
D 평상시보다 갈증을 많이 느끼고, 질에서 분비물이 더 많이 나온다.

173. 당신의 반려견이 자유롭게 뛰어놀고 있는데 맞은편에서 줄에 묶인 반려견이 다가오고 있다. 이때 당신은 어떻게 행동해야 하는가?

A 내 반려견을 불러서 줄로 묶고, 다른 견주와 반려견이 충분한 거리를 두고 지나갈 수 있도록 한다. 이때 내 반려견이 다른 반려견을 귀찮게 하거나 자극하지 않도록 조심한다.
B 다른 견주에게 반려견의 줄을 풀어야 한다고 큰소리로 말한다. 만약 다른 견주가 그렇게 하지 않으면 모든 반려견이 자유롭게 놀 권리를 빼앗는 것이라며 고발하겠다고 협박한다.
C 내 반려견이 다른 반려견에게 인사해도 되는지 다른 견주에게 물어본다. 괜찮다고 하면 내 반려견이 다른 반려견에게 뛰어가도록 허락한다. 반대로 다른 견주가 거절하면 내 반려견을 줄로 묶고, 다른 반려견에게 뛰어가지 않을 것이라는 확신이 들 때 줄을 푼다.
D 내 반려견이 다른 반려견에게 뛰어가도록 허락한다. 동종과의 사회적 만남은 중요하기 때문이다.

174. 한 개가 다른 개의 등에 자신의 머리를 올리는 것은 무엇을 의미하는가?

A 이런 행동을 하는 개의 서열이 낮다.
B 같이 놀자는 의미다.

C 피곤해서다.

D 위협하는 행동과 관련이 있다.

175. 잔디밭에서 아이들이 축구를 하고 있다. 당신은 반려견에게 어떻게 행동해야 하는가?

A 그곳이 반려견 공원이라면 반려견이 자유롭게 뛰어놀도록 허락한다. 반려견이 아이들의 축구공을 훔치더라도 그것은 아이들의 책임이다. 아이들은 다른 곳에서도 놀 수 있기 때문이다.

B 아무것도 대처하지 않는다. 반려견이 아이들의 축구공을 망가뜨리더라도 손해 배상 보험이 있으니 괜찮다.

C 만약의 상황을 대비해 아이들이 다 돌아가고, 반려견이 아이들을 쫓아가지 않을 것이라는 확신이 들 때까지 반려견에게 줄을 채우고 있어야 한다.

D 아이들이 반려견을 무서워하지 않으면 반려견을 뛰어놀게 한다. 반려견이 흥미로워하면 아이들과 같이 뛰어놀도록 허락한다.

176. 반려견의 치아를 건강하게 유지하는 방법은 무엇인가?

A 반려견의 치아를 닦아 준다.

B 반려견 간식이나 개껌과 같이 딱딱한 것을 씹을 기회를 제공한다.

C 습식만 제공해 치아에 무리가 가지 않도록 한다.

D 사소한 징후(예: 입 냄새, 통증, 식욕 상실, 침 과다 분비)가 나타나도 원인을 찾기 위해 노력한다.

177. 이 개는 어떤 상태를 표현하고 있는가?

A 중립적이거나 주의하는 상태

B　무서워하는 상태

C　확신하고 위협하는 상태

D　겸손한 상태

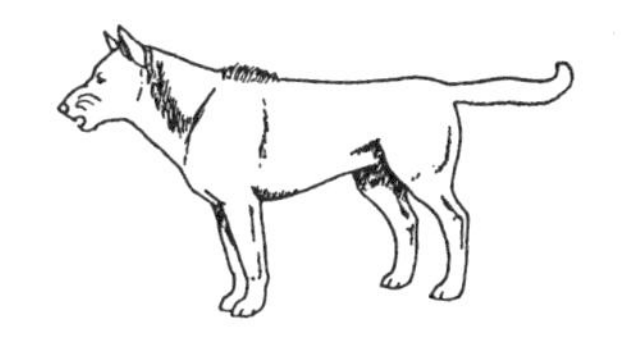

178. 이 개는 어떤 상태를 표현하고 있는가?

A　중립적이거나 주의하는 상태

B　불안해서 위협하는 상태

C　온화한 상태

D　겸손한 상태

179. 이 개는 어떤 상태를 표현하고 있는가?

A　중립적이거나 주의하는 상태

B　매우 겁에 질린 상태

C　공격적인 상태

D　겸손한 상태

180. 이 개는 어떤 상태를 표현하고 있는가?

A　중립적이거나 주의하는 상태

B　공격적인 상태

C　진정시키려는 상태

D　우호적이고 겸손한 상태

181. 이 개는 어떤 상태를 표현하고 있는가?

A　겸손한 상태

B　확신하고 위협하는 상태

C　조심스럽고 놀이 몸짓을 약하게 보이는 상태

D　피곤한 상태

182. 이 개는 어떤 상태를 표현하고 있는가?

A 무서워하면서도 겸손한 상태

B 중립적이거나 주의하는 상태

C 불안해서 흥분한 상태

D 겸손한 상태

183. 이 개는 어떤 상태를 표현하고 있는가?

A 무서워하면서도 겸손한 상태

B 중립적이거나 주의하는 상태

C 피곤한 상태

D 불안해서 흥분한 상태

184. 이 개는 어떤 상태를 표현하고 있는가?

A 무서워하면서도 겸손한 상태

B 중립적이거나 주의가 깊은 상태

C 피곤한 상태

D 불안한 상태

* 위 질문에서 언급한 내용은 개의 '정상' 행동과 개가 보이는 행동의 일반적인 것과 연관된 기본적 사항이다. 이외에도 개의 특출난 학습 능력과 적응력으로 말미암아 일반적인 것에서 벗어나는 행동이 나타날 수도 있다.

정답

1. A, B
2. A, C
3. A, B, C, D
4. A, B, C, D
5. A, B, C
6. A, C
7. D
8. B
9. A, D
10. B, D
11. A, B
12. A, B
13. B, C
14. A, C
15. A, B, D
16. A, B, C, D
17. B
18. A, C
19. A
20. A, B, C
21. B, D
22. A
23. C
24. A, B, C, D
25. A, B, D
26. C
27. B, D
28. D
29. C
30. C, D
31. A, B, C
32. A, B, C
33. B
34. B
35. B
36. A, B
37. A, C
38. A, B
39. B, C
40. B, D
41. B
42. B
43. C, D
44. A, B, D
45. A, B, C
46. A
47. A, C
48. B
49. B, C
50. A, B, D
51. A, B, C
52. A, C
53. A
54. B, C
55. B, D
56. A, C, D
57. A, C
58. B
59. B, C, D
60. A, C
61. A
62. B
63. A
64. A
65. B, C
66. A, B
67. A
68. B, C
69. D
70. A, B, C
71. B, C
72. B, C, D
73. B
74. B
75. A
76. A, B, D
77. C
78. B
79. B, D
80. B, D
81. D
82. B, C
83. B
84. D
85. A
86. A, B, C, D
87. A, B
88. B, D
89. A
90. C
91. B
92. B, C, D
93. A, C

94. B, C
95. B, C
96. B, D
97. C
98. B
99. B, C
100. C
101. B
102. A, C
103. B
104. D
105. B, C
106. C, D
107. C, D
108. A
109. A, B, D
110. A, B, C
111. A, C
112. B, D
113. A
114. A
115. C, D
116. A, C
117. A, C
118. A, C
119. B
120. D
121. A, D
122. B, C
123. A, C, D
124. B, C, D
125. B
126. B, C
127. A, B
128. A, B, C
129. B, C
130. A, B, D
131. A
132. D
133. B
134. B
135. A
136. B
137. A, B
138. B
139. A, B, C, D
140. A, D
141. B
142. A, B, C
143. A, C, D
144. A
145. D
146. A, B
147. A
148. B
149. A, B, C
150. B
151. A, D
152. A, B
153. A, D
154. A, C
155. D
156. C
157. B
158. A, B, C
159. C
160. A, D
161. B
162. A
163. B
164. D
165. B, C
166. A, C
167. A, C
168. B, D
169. B, D
170. B, D
171. B
172. A, C
173. A, C
174. D
175. C
176. A, B, D
177. C
178. B
179. B, D
180. C, D
181. C
182. C
183. B
184. A, D

개를 키울 수 있는 자격

Sachkundenachweis für Hundehalter
by Celina del Amo

셀리나 델 아모 **지음**
이혜원·김세진 **옮김**

1판 1쇄 발행 2017년 9월 7일
1판 2쇄 발행 2019년 1월 16일

펴낸이 안성호 | **편집** 조경민 조현진 안주영 이소정 | **디자인** 이보옥
출판등록 2005년 8월 9일 제 313-2005-00176호
펴낸곳 리잼 | **주소** 서울시 강동구 상암로 167, 7층 702호
대표전화 02-719-6868 | **팩스** 02-719-6262
홈페이지 www.rejam.co.kr | **전자우편** iezzb@hanmail.net

이 도서의 국립중앙도서관 출판예정도서목록(CIP)은 서지정보유통지원시스템 홈페이지(http://seoji.nl.go.kr)와 국가자료공동목록시스템(http://www.nl.go.kr/kolisnet)에서 이용하실 수 있습니다.
(CIP제어번호: CIP2017020911)

ISBN 979-11-87643-33-3 (13490)